毒物劇物安全性研究会編

毒物劇物試験問題集
〔東京都版〕

過去問【5年分収録】
《解答・解説付》

令和5（2023）年度版

JN123484

過去問5年分完全収録、
わかる解説付！
傾向と対策に最適！

薬務公報社

序

　毒物及び劇物取締法は、日常流通している有用な化学物質のうち、毒性の著しいものについて、化学物質そのものの毒性に応じて毒物又は劇物に指定し、製造業、輸入業、販売業について登録にかからしめ、毒物劇物取扱責任者を置いて管理させるとともに、保健衛生上の見地から所要の規制を行っています。

　毒物劇物取扱責任者は、毒物劇物の製造業、輸入業、販売業及び届け出の必要な業務上取扱者において設置が義務づけられており、現場の実務責任者として十分な知識を有し保健衛生上の危害の防止のために必要な管理業務に当たることが期待されています。

　毒物劇物取扱者試験は、毒物劇物取扱責任者の資格要件の一つとして、各都道府県の知事が概ね一年に一度実施するものであります。

　本書は、東京都で実施された平成30年度(2018)～令和4年度(2022)における過去5年間分の試験問題を、試験の種別に編集し、解答・解説を付けたものであります。

　毒物劇物取扱者試験の受験者は、本書をもとに勉学に励み、毒物劇物に関する知識を一層深めて試験に臨み合格されるとともに、毒物劇物に関する危害の防止についてその知識をいかんなく発揮され、ひいては、化学物質の安全の確保と産業の発展に貢献されることを願っています。

　なお、本書における問題の出典先は、東京都。また、解答・解説については、この書籍を発行するに当たった編著により作成しております。

　従いまして、本書における不明な点等がある場合は、弊社へ直接メールでお問い合わせいただきますようお願い申し上げます。〔お電話でのお問い合わせは、ご容赦いただきますようお願い申し上げます。〕

　令和5 (2023)年4月

目　　次

問題編
〔筆記〕

〔筆　記〕

（一般・農業用品目・特定品目共通）

問 1　次は、毒物及び劇物取締法の条文の一部である。 (1) ～ (5) にあてはまる字句として、正しいものはどれか。

（目的）
第1条
　この法律は、毒物及び劇物について、保健衛生上の見地から必要な (1) を行うことを目的とする。

（定義）
第2条第1項
　この法律で「毒物」とは、別表第一に掲げる物であつて、 (2) 及び医薬部外品以外のものをいう。

（禁止規定）
第3条第2項
　毒物又は劇物の輸入業の登録を受けた者でなければ、毒物又は劇物を販売又は (3) の目的で輸入してはならない。

（禁止規定）
第3条の3
　 (4) 、幻覚又は麻酔の作用を有する毒物又は劇物（これらを含有する物を含む。）であつて政令で定めるものは、みだりに摂取し、若しくは吸入し、又はこれらの目的で (5) してはならない。

---

(1)	1	監視	2	管理	3	指導	4	取締
(2)	1	食品	2	医薬品	3	化粧品	4	農薬
(3)	1	使用	2	研究	3	授与	4	貯蔵
(4)	1	興奮	2	鎮静	3	錯乱	4	酩酊 めいてい
(5)	1	譲渡	2	販売	3	輸入	4	所持

問2 次は、毒物及び劇物取締法、同法施行令及び同法施行規則に関する記述である。(6)～(10)の問に答えなさい。

(6) 毒物劇物取扱責任者に関する記述の正誤について、正しい組合せはどれか。

a 毒物劇物販売業者は、毒物又は劇物を直接に取り扱わない店舗にも毒物劇物取扱責任者を設置しなければならない。

b 農業用品目毒物劇物取扱者試験に合格した者は、農業用品目のみを取り扱う毒物劇物製造業の毒物劇物取扱責任者になることができる。

c 特定品目毒物劇物取扱者試験に合格した者は、特定品目のみを取り扱う毒物劇物販売業の毒物劇物取扱責任者になることができる。

	a	b	c
1	正	正	誤
2	正	誤	正
3	誤	正	正
4	誤	誤	正

(7) 毒物又は劇物の表示に関する記述の正誤について、正しい組合せはどれか。

a 毒物劇物輸入業者は、自ら輸入した毒物の容器及び被包に、「医薬用外」の文字及び白地に赤色をもって「毒物」の文字を表示しなければならない。

b 毒物劇物製造業者は、自ら製造した塩化水素を含有する製剤たる劇物(住宅用の洗浄剤で液体状のもの)を授与するときに、その容器及び被包に、使用の際、手足や皮膚、特に眼にかからないように注意しなければならない旨を表示しなければならない。

c 法人たる毒物劇物製造業者は、自ら製造した毒物を販売するときに、その容器及び被包に当該法人の名称及び主たる事務所の所在地を表示しなければならない。

d 毒物劇物輸入業者は、自ら輸入した有機燐(りん)化合物を含有する製剤たる劇物を販売するときは、その容器及び被包に、厚生労働省令で定めるその解毒剤の名称を表示しなければならない。

	a	b	c	d
1	正	正	正	正
2	正	誤	正	誤
3	誤	正	正	正
4	誤	正	誤	誤

(8) 法第3条の4において「引火性、発火性又は爆発性のある毒物又は劇物であつて政令で定めるものは、業務その他正当な理由による場合を除いては、所持してはならない。」とされている。

次のa～dのうち、この「政令で定めるもの」に該当するものはどれか。正しいものの組合せを選びなさい。

a アジ化ナトリウム   b 塩素酸カリウム   c ナトリウム   d カリウム

1 a、b   2 a、c   3 b、c   4 c、d

(9) 特定毒物研究者に関する記述の正誤について、正しい組合せはどれか。

a 特定毒物研究者は、学術研究上必要な特定毒物を製造することはできるが、輸入することはできない。

b 特定毒物研究者は、特定毒物を学術研究以外の用途のために製造することができる。

c 特定毒物研究者は、研究で使用する特定毒物の品目に変更が生じた場合、変更後30日以内に、その旨を届け出なければならない。

d 特定毒物研究者は、特定毒物を必要とする研究を廃止した場合、廃止後30日以内に、その旨を届け出なければならない。

	a	b	c	d
1	正	誤	正	正
2	正	誤	誤	誤
3	誤	正	誤	正
4	誤	誤	正	正

(10) 次の a ～ d のうち、法第 22 条に基づく毒物劇物業務上取扱者として、届出が必要なものはどれか。正しいものの組合せを選びなさい。

a 四アルキル鉛を含有する製剤を使用して、石油の精製を行う事業
b シアン化カリウムを使用して、電気めつきを行う事業
c 亜砒酸を使用して、しろありの防除を行う事業
d モノフルオール酢酸アミドを含有する製剤を使用して、かんきつ類、りんご、なし、桃又はかきの害虫の防除を行う事業

1 a、b   2 b、c   3 b、d   4 c、d

問 3　次は、毒物又は劇物の取扱い等に関する記述である。毒物及び劇物取締法、同法施行令及び同法施行規則の規定に照らし、(11)～(15)の問に答えなさい。

(11) 毒物劇物営業者が毒物又は劇物を販売する際の行為に関する記述の正誤について、正しい組合せはどれか。

a 譲受人の年齢が 16 歳であることを身分証明書により確認したので、劇物を交付した。
b 毒物劇物営業者以外の個人に劇物を販売するに当たり、譲受人から法で定められた事項を記載した書面の提出を受けたが、譲受人の押印がなかったので、劇物を販売しなかった。
c 毒物を法人たる毒物劇物営業者に販売した際、その都度、毒物の名称及び数量、販売した年月日、譲受人の名称及び主たる事務所の所在地を書面に記載した。
d 譲受人から提出を受けた法で定められた事項を記載した書面を、販売した日から 3 年間保管した後に廃棄した。

	a	b	c	d
1	正	正	正	正
2	正	誤	誤	誤
3	誤	正	正	誤
4	誤	誤	正	正

(12) 毒物劇物営業者における毒物又は劇物を取り扱う設備に関する記述の正誤について、正しい組合せはどれか。

a 劇物の製造業者が、製造頻度が低いことを理由に、製造所において、劇物を含有する粉じん、蒸気又は廃水の処理に要する設備又は器具を備えなかった。
b 劇物の販売業者が、劇物を貯蔵する設備として、劇物とその他の物とを区分して貯蔵できるものを設けた。
c 毒物劇物取扱責任者によって、毒物を陳列する場所を常時直接監視することが可能であるので、その場所にかぎをかける設備を設けなかった。
d 毒物の輸入業者が、毒物を貯蔵する場所が性質上かぎをかけることができないものであったため、その周囲に堅固なさくを設けた。

	a	b	c	d
1	正	正	誤	誤
2	正	誤	正	正
3	誤	正	正	誤
4	誤	正	誤	正

(13)　毒物劇物営業者及び特定毒物研究者が、その取扱いに係る毒物又は劇物の事故の際に講じた措置に関する記述の正誤について、正しい組合せはどれか。

　　　a　毒物劇物販売業者の店舗において、毒物が飛散し、不特定多数の者に保健衛生上の危害が生ずるおそれがあったため、直ちに保健所、警察署及び消防機関に届け出るとともに、保健衛生上の危害を防止するための応急の措置を講じた。
　　　b　毒物劇物製造業者の製造所で保管していた毒物が盗難にあったが、保健衛生上の危害が生ずるおそれのない量であったので、警察署に届け出なかった。
　　　c　毒物劇物販売業者の店舗内で保管していた劇物を紛失したため、直ちに警察署に届け出た。
　　　d　特定毒物研究者の取り扱う毒物が盗難にあったが、特定毒物ではなかったため、警察署に届け出なかった。

	a	b	c	d
1	正	正	誤	誤
2	正	誤	正	誤
3	正	誤	誤	正
4	誤	正	正	正

(14)　硝酸 60 ％を含有する製剤で液体状のものを、車両1台を使用して、1回につき 5000 キログラム以上運搬する場合の運搬方法に関する記述の正誤について、正しい組合せはどれか。

　　　a　1人の運転者による連続運転時間（1回が連続 10 分以上で、かつ、合計が 30 分以上の運転の中断をすることなく連続して運転する時間）が、5時間であるため、交替して運転する者を同乗させなかった。
　　　b　車両に、法で定められた保護具を1人分備えた。
　　　c　車両に、運搬する劇物の名称、成分及びその含量並びに事故の際に講じなければならない応急の措置の内容を記載した書面を備えた。
　　　d　0.3 メートル平方の板に地を黒色、文字を白色として「劇」と表示した標識を車両の前後の見やすい箇所に掲げた。

	a	b	c	d
1	正	正	正	正
2	誤	正	誤	誤
3	誤	誤	正	正
4	誤	誤	正	誤

(15)　荷送人が、運送人に 2000 キログラムの毒物の運搬を委託する場合の、令第 40 条の 6 の規定に基づく荷送人の通知義務に関する記述の正誤について、正しい組合せどれか。

　　　a　通知する書面には、毒物の名称、成分、含量及び数量並びに事故の際に講じなければならない応急の措置の内容を記載した。
　　　b　運送人の承諾を得たため、書面の交付に代えて、口頭で通知した。
　　　c　運送人の承諾を得たため、書面の交付に代えて、磁気ディスクの交付により通知を行った。
　　　d　車両による運送距離が 50 キロメートル以内であったので、通知しなかった。

	a	b	c	d
1	正	正	正	正
2	正	誤	正	誤
3	正	誤	誤	誤
4	誤	正	誤	正

問 4 次は、毒物劇物営業者又は毒物劇物業務上取扱者である「A」〜「D」の４者に
関する記述である。毒物及び劇物取締法、同法施行令及び同法施行規則の規定に
照らし、(16)〜(20)の問に答えなさい。ただし、「A」、「B」、「C」、「D」は、それ
ぞれ別人又は別法人であるものとする。

「A」：毒物劇物輸入業者
　　水酸化ナトリウムを輸入できる登録のみを受けている事業者である。
「B」：毒物劇物製造業者
　　48 ％水酸化ナトリウム水溶液を製造できる登録のみを受けている事業者で
ある。
「C」：毒物劇物一般販売業者
　　毒物及び劇物を販売できる登録のみを受けている事業者である。
「D」：毒物劇物業務上取扱者
　　研究所において、水酸化ナトリウム及び 48 ％水酸化ナトリウム水溶液のみ
を研究のために使用している事業者である。ただし、毒物劇物営業者ではな
い。

---

(16) 「A」、「B」、「C」、「D」間の販売に関する記述の正誤について、正しい組合せ
はどれか。

a 「A」は、自ら輸入した水酸化ナトリウムを
「B」に販売することができる。

b 「B」は、自ら製造した 48 ％水酸化ナトリ
ウム水溶液を「C」に販売することができる。

c 「B」は、自ら製造した 48 ％水酸化ナトリ
ウム水溶液を「D」に販売することができる。

d 「C」は、販売又は授与の目的で貯蔵してい
る水酸化ナトリウムを「D」に販売することができる。

	a	b	c	d
1	正	正	正	正
2	正	正	誤	正
3	正	誤	正	誤
4	誤	正	誤	誤

(17) 「A」は、登録を受けている営業所において、新たに 98 ％硫酸を輸入するこ
とになった。「A」が行わなければならない手続として、正しいものはどれか。

1 輸入する前に、輸入品目の登録の変更を受けなければならない。
2 輸入する前に、輸入品目について変更届を提出しなければならない。
3 輸入した後、30 日以内に、輸入品目の追加の届出をしなければならない。
4 輸入した後、その販売を始める前に、輸入品目の登録の変更を受けなけれ
ばならない。

(18) 「B」は、個人で 48 ％水酸化ナトリウム水溶液の製造を行う毒物劇物製造業
の登録を受けているが、今回「株式会社X」という法人を設立し、「株式会社X」
として 48 ％水酸化ナトリウム水溶液の製造を行うこととなった。この場合に必
要な手続に関する記述について、正しいものはどれか。

1 「B」は、「株式会社X」の法人設立前に、氏名の変更届を提出しなければ
ならない。
2 「株式会社X」は、「B」の毒物劇物製造業の登録更新時に、氏名の変更届
を提出しなければならない。
3 「株式会社X」は、48 ％水酸化ナトリウム水溶液を製造する前に、新たに
毒物劇物製造業の登録を受けなければならない。
4 「株式会社X」は、法人設立後に氏名の変更届を提出しなければならない。

(19) 「C」は、東京都港区にある店舗において毒物劇物一般販売業の登録を受けているが、この店舗を廃止し、東京都中央区に新たに設ける店舗に移転して、引き続き毒物劇物一般販売業を営む予定である。この場合に必要な手続に関する記述の正誤について、正しい組合せはどれか。

a　中央区内の店舗で業務を始める前に、新たに毒物劇物一般販売業の登録を受けなければならない。
b　中央区内の店舗で業務を始める前に、登録票の店舗所在地の書換え交付を申請しなければならない。
c　中央区内の店舗に移転した後 30 日以内に、店舗所在地の変更届を提出しなければならない。
d　港区内の店舗を廃止した後 30 日以内に、廃止届を提出しなければならない。

	a	b	c	d
1	正	誤	正	誤
2	正	誤	誤	正
3	誤	正	誤	正
4	誤	正	正	誤

(20) 「D」に関する記述の正誤について、正しい組合せはどれか。

a　研究所内で、劇物を使用するために自ら保管用に小分けしたが、自らが使用するだけなので容器に「医薬用外劇物」の文字を表示しなかった。
b　飲食物の容器として通常使用される物に、「医薬用外劇物」の文字を表示した上で、劇物の保管容器として使用した。
c　研究所閉鎖時には、毒物劇物業務上取扱者の廃止届を提出しなければならない。
d　48 ％水酸化ナトリウム水溶液の貯蔵場所に、「医薬用外」の文字及び「劇物」の文字を表示しなければならない。

	a	b	c	d
1	正	誤	誤	誤
2	誤	正	正	誤
3	誤	誤	正	正
4	誤	誤	誤	正

問5　次の(21)～(25)の問に答えなさい。

(21) 酸、塩基及び中和に関する記述の正誤について、正しい組合せはどれか。

a　1 価の塩基を弱塩基といい、2 価以上の塩基を強塩基という。
b　アレニウスの定義による酸とは、水溶液中で水素イオン H^+ を生じる物質である。
c　中和点における水溶液は常に中性を示す。

	a	b	c
1	正	正	誤
2	正	誤	正
3	誤	正	誤
4	誤	誤	正

(22) 0.10mol/L の水酸化カリウム水溶液の pH として、正しいものはどれか。
ただし、水酸化カリウムの電離度は 1、水溶液の温度は 25 ℃とする。また、25 ℃における水のイオン積 [H^+]［OH^-］ ＝ 1.0 × 10^{-14} (mol/L)^2 とする。

1　pH 1　　　　2　pH 2　　　　3　pH12　　　　4　pH13

(23) 濃度未知の酢酸水溶液をコニカルビーカーに量り取り、0.1mol/L 水酸化ナトリウム水溶液を滴下して中和滴定を行う。この実験に関する記述の正誤について、正しい組合せはどれか。

a　この中和滴定における適切な指示薬は、メチルオレンジである。
b　駒込ピペットを用いて、0.1mol/L 水酸化ナトリウム水溶液を滴下する。
c　中和点付近では、滴下するたびに、酢酸水溶液の入ったコニカルビーカーをよく振り混ぜる。

	a	b	c
1	正	誤	正
2	正	誤	誤
3	誤	正	誤
4	誤	誤	正

(24) 1.0mol/L の水酸化カルシウム水溶液 20mL を過不足なく中和するのに必要な 2.0mol/L の塩酸の量(mL)として、正しいものはどれか。

    1　10mL　　　　2　20mL　　　　3　30mL　　　　4　40mL

(25) 次の a ～ d の物質のうち、1 価の塩基はどれか。正しいものの組合せを選びなさい。

    a　Ba(OH)$_2$　　　　b　NH$_3$　　　　c　CH$_3$OH　　　　d　LiOH

    1　a、b　　　　　2　a、c　　　　　3　b、d　　　　　4　c、d

問6　次の(26)～(30)の問に答えなさい。

(26) 次の化学式の下線を引いた原子の酸化数として、正しい組合せはどれか。

    a　MnO$_4^-$　　　　b　O$_3$　　　　c　HClO$_4$

	a	b	c
1	+7	0	+7
2	+3	−6	+3
3	+7	−6	+7
4	+3	0	+3

(27) 体積 3.0L の容器に、ある気体 0.50mol を入れて 27 ℃に保ったとき、気力の圧力(Pa)として、正しいものはどれか。
　なお、気体定数は 8.3 × 10^3[Pa・L/(K・mol)]とし、絶対温度 T(K)とセ氏温度(セルシウス)温度 t(℃)の関係は、$T = t + 273$ とする。

    1　1.10 × 10^{5}Pa　　　　　　　　2　2.07 × 10^{5}Pa
    3　4.15 × 10^{5}Pa　　　　　　　　4　8.30 × 10^{5}Pa

(28) 次の 3 つの熱化学方程式を用いて、プロパン(C$_3$H$_8$)1.0mol の生成熱(kJ)を計算したとき、正しいものはどれか。
　　ただし、(気)は気体、(液)は液体、(固)は固体の状態を示す。

    ①　2H$_2$(気) + O$_2$(気) = 2H$_2$O(液) + 572kJ
    ②　C(固) + O$_2$(気) = CO$_2$(気) + 394kJ
    ③　C$_3$H$_8$(気) + 5O$_2$(気) = 3CO$_2$(気) + 4H$_2$O(液) + 2219kJ

    1　107kJ　　　　2　680kJ　　　　3　1539kJ　　　　4　2326kJ

(29) 酸化還元反応に関する記述のうち、正しいものはどれか。

    1　水素原子を含む物質が水素を失ったとき、その物質は還元されたという。
    2　ある原子が電子を失ったとき、その原子は酸化されたという。
    3　酸化還元反応において、相手を還元し、自身が酸化される物質を酸化剤という。
    4　イオン化傾向が大きい金属ほど、酸化されにくい。

(30) 7.4g の水酸化カルシウム全量を水に溶かして 500mL の水溶液をつくった。この水溶液のモル濃度(mol/L)として、正しいものはどれか。
　　ただし、原子量は、水素＝1、酸素＝16、カルシウム＝40 とする。

    1　0.05mol/L　　　　2　0.10mol/L　　　　3　0.20mol/L　　　　4　0.40mol/L

問7　次の(31)～(35)の問に答えなさい。

(31)　物質と結合の種類に関する記述の正誤について、正しい組合せはどれか。

a　イオン結合では、陽イオンと陰イオンがクーロン力でお互いに引き合い、結合を形成している。

b　共有結合のうち、一方の原子の非共有電子対が他方の原子に提供されてできている結合を、配位結合という。

c　ダイヤモンドを構成する原子間の結合は金属結合である。

d　水素結合はイオン結合や共有結合より強く、切れにくい。

	a	b	c	d
1	正	正	誤	誤
2	正	誤	正	誤
3	誤	正	誤	正
4	誤	誤	正	正

(32)　次の元素とその炎色反応の色との組合せの正誤について、正しい組合せはどれか。

	元素		炎色反応の色
a	リチウム	———	黄
b	銅	———	青緑
c	ストロンチウム	———	黄緑
d	カルシウム	———	橙赤

	a	b	c	d
1	正	正	誤	誤
2	正	誤	正	正
3	誤	正	正	誤
4	誤	正	誤	正

(33)　次のa～cの記述の正誤について、正しい組合せはどれか。

a　同じ元素の同位体は、陽子の数が異なるだけで、化学的性質は同等である。

b　同じ元素の単体で、性質の異なるものを互いに同素体であるという。

c　アルミニウム(Al)は、遷移元素に分類される。

	a	b	c
1	正	正	正
2	正	誤	誤
3	誤	正	誤
4	誤	誤	正

(34)　アニリン、安息香酸及びフェノールを含むジエチルエーテル溶液について、以下の分離操作を行った。（　①　）及び（　②　）にあてはまる化合物名として、正しい組合せはどれか。

ただし、溶液中には上記化合物以外の物質は含まれていないものとする。

> 　分液漏斗にこのジエチルエーテル溶液を入れ、塩酸を加えて振り混ぜ、静置すると、水層には（①）の塩が分けとられる。水層を除き、残ったジエチルエーテル層に、さらに水酸化ナトリウム水溶液を加えて振り混ぜ、静置する。その後、ジエチルエーテル層を除き、水層を回収する。回収した水層に二酸化炭素を通じ、ジエチルエーテルを加えて振り混ぜ、静置すると、ジエチルエーテル層に（②）が得られる。

	①	②
1	アニリン	フェノール
2	アニリン	安息香酸
3	フェノール	アニリン
4	フェノール	安息香酸

(35)　物質とその構造に含まれる官能基との組合せとして、正しいものはどれか。

	物質		官能基
1	エタノール	———	$-OH$
2	酪酸メチル	———	$-SO_3H$
3	硝酸	———	$-CHO$
4	ジエチルエーテル	———	$-COOH$

（一般・特定品目共通）

問8　あなたの営業所で酢酸エチルを取り扱うこととなり、安全データシートを作成することになりました。以下は、作成中の酢酸エチルの安全データシートの一部である。(36)〜(40)の問に答えなさい。

安全データシート

作　成　日　平成 30 年 7 月 8 日
氏　　　名　株式会社　　A 社
住　　　所　東京都新宿区西新宿 2-8-1
電話番号　03 － 5321 － 1111

【製品名】　　酢酸エチル
【物質の特定】
　　　　化学名　　　：酢酸エチル
　　　　別名　　　　：酢酸エチルエステル
　　　　化学式(示性式)：　　①
　　　　CAS 番号　　：141-78-6
【取扱い及び保管上の注意】
　　　　②
【物理的及び化学的性質】
　　　　外観等　：　　③　　の液体
　　　　臭い　：　　④
【安定性及び反応性】
　　　　⑤
【廃棄上の注意】
　　　　⑥

---

(36)　　①　　にあてはまる化学式はどれか。

1　$CH_3COCH_2CH_3$　　2　$C_6H_5CH_3$　　3　$CH_3COOC_2H_5$　　4　CH_2CHCHO

(37)　　②　　にあてはまる「取扱い及び保管上の注意」の正誤について、正しい組合せはどれか。

a　ガラスを激しく腐食するので、ガラス容器を避けて保管する。
b　強酸化性物質と接触させない。
c　引火しやすいので火気に近づけない。

	a	b	c
1	正	正	正
2	正	誤	誤
3	誤	正	正
4	誤	誤	正

(38)　　③　　、　　④　　にあてはまる「物理的及び化学的性質」として、正しい組合せはどれか。

	③	④
1	無色	芳香臭
2	無色	無臭
3	黄褐色	芳香臭
4	黄褐色	無臭

(39) ⑤ にあてはまる「安定性及び反応性」として、正しいものはどれか。

1 酸と反応して、ホスフィンを生成する。
2 光、熱などに反応して、有害なホスゲンを生成する。
3 燃焼により、一酸化炭素を発生する。
4 水により加水分解して、塩酸を生じる。

(40) ⑥ にあてはまる「廃棄上の注意」として、最も適切なものはどれか。

1 硅そう土等に吸収させて開放型の焼却炉で燃焼する。
2 多量の消石灰水溶液に撹拌しながら少量ずつ加えて中和し、沈殿ろ過して埋立処分する。
3 水を加えて希薄な水溶液とし、希塩酸で中和させた後、多量の水で希釈して処理する。
4 セメントを用いて固化し、溶出試験を行い、溶出量が判定基準以下であることを確認して埋立処分する。

(一般)

問9 次の(41)～(45)の間に答えなさい。

(41) アクロレインに関する記述の正誤について、正しい組合せはどれか。

a 無色又は帯黄色の液体である。
b 引火性がある。
c 毒物に指定されている。

	a	b	c
1	正	正	誤
2	正	誤	正
3	誤	正	正
4	誤	正	誤

(42) ピクリン酸に関する記述の正誤について、正しい組合せはどれか。

a 淡黄色の結晶で、爆発性がある。
b 金属との接触を避けて保管する。
c 除草剤として用いられる。

	a	b	c
1	正	正	正
2	正	正	誤
3	正	誤	正
4	誤	正	誤

(43) 水銀に関する記述の正誤について、正しい組合せはどれか。

a 銀白色の液体の金属である。
b 水と激しく反応する。
c 気圧計に使用される。

	a	b	c
1	正	正	正
2	正	正	誤
3	正	誤	正
4	誤	正	正

(44) パラフェニレンジアミンに関する記述の正誤について、正しい組合せはどれか。

a 白色又は微赤色の板状結晶である。
b 毛皮の染色に用いられる。
c アルコールにほとんど溶けない。

	a	b	c
1	正	正	正
2	正	正	誤
3	誤	正	誤
4	誤	誤	正

(45) クロルスルホン酸に関する記述の正誤について、正しい組合せはどれか。

a 無色又は淡黄色の発煙性の液体である。
b 刺激臭がある。
c 劇物に指定されている。

	a	b	c
1	正	正	正
2	正	正	誤
3	誤	正	正
4	誤	誤	正

問10 次の(46)～(50)の問に答えなさい。

(46) 次の記述の（①）～（③）にあてはまる字句として、正しい組合せはどれか。

> 無水酢酸は、無色透明で刺激臭のある（　①　）であり、化学式は（　②　）である。毒物及び劇物取締法により（　③　）に指定されている。

	①	②	③
1	液体	HCHO	毒物
2	液体	$(CH_3CO)_2O$	劇物
3	固体	$(CH_3CO)_2O$	毒物
4	固体	HCHO	劇物

(47) 次の記述の（①）～（③）にあてはまる字句として、正しい組合せはどれか。

> ニコチンは、無色無臭の（　①　）であるが、空気中ではすみやかに褐変する。水に（　②　）。毒物及び劇物取締法により（　③　）に指定されている。

	①	②	③
1	固体	よく溶ける	劇物
2	固体	ほとんど溶けない	毒物
3	油状液体	ほとんど溶けない	劇物
4	油状液体	よく溶ける	毒物

(48) 次の記述の（①）～（③）にあてはまる字句として、正しい組合せはどれか。

> 炭酸バリウムは、（　①　）の粉末であり、水に（　②　）。毒物及び劇物取締法により（　③　）に指定されている。

	①	②	③
1	白色	よく溶ける	毒物
2	白色	ほとんど溶けない	劇物
3	黒色	よく溶ける	劇物
4	黒色	ほとんど溶けない	毒物

(49) 次の記述の（①）～（③）にあてはまる字句として、正しい組合せはどれか。

> ヘキサン－１，６－ジアミンは、（　①　）を有する。（　②　）の固体である。毒物及び劇物取締法により（　③　）に指定されている。

	①	②	③
1	フェノール臭	黄褐色	劇物
2	フェノール臭	白色	毒物
3	アンモニア臭	黄褐色	毒物
4	アンモニア臭	白色	劇物

(50) 次の記述の（ ① ）～（ ③ ）にあてはまる字句として、正しい組合せはどれか。

> 黄燐（りん）は、白色又は淡黄色の（ ① ）であり、（ ② ）に溶けやすい。最も適切な廃棄方法は（ ③ ）である。

	①	②	③
1	ロウ状の固体	二硫化炭素	燃焼法
2	ロウ状の固体	水	希釈法
3	液体	二硫化炭素	希釈法
4	液体	水	燃焼法

（農業用品目）

問8　次は、2－イソプロピル－4－メチルピリミジル－6－ジエチルチオホスフェイト（別名：ダイアジノン）に関する記述である。(36)～(40)の問に答えなさい。

> 　2－イソプロピル－4－メチルピリミジル－6－ジエチルチオホスフェイト（別名：ダイアジノン）の化学式は（ ① ）であり、毒物及び劇物取締法により（ ② ）に指定されている。本品は、（ ③ ）の農薬として、主に（ ④ ）として用いられる。最も適切な廃棄方法は（ ⑤ ）である。

(36)（ ① ）にあてはまるものはどれか。

1

2

3

4

- 12 -

(37) (②)にあてはまるものはどれか。

　1　毒物
　2　5％(マイクロカプセル製剤にあっては25％)を超えて含有するものは毒物、
　　　5％(マイクロカプセル製剤にあっては25％)以下を含有するものは劇物
　3　劇物
　4　5％(マイクロカプセル製剤にあっては25％)以下を含有するものを除き、劇物

(38) (③)にあてはまるものはどれか。

　1　カーバメート系　　　　　2　有機燐系
　3　ネオニコチノイド系　　　4　ピレスロイド系

(39) (④)にあてはまるものはどれか。

　1　殺虫剤　　　　2　殺鼠剤　　　　3　除草剤　　　4　植物成長調整剤

(40) (⑤)にあてはまるものはどれか。

　1　分解沈殿法　　2　燃焼法　　　3　回収法　　　4　沈殿法

問9　次の(41)〜(45)の問に答えなさい。

(41) 次の記述の(①)及び(②)にあてはまる字句として、正しい組合せはどれか。

> 　5－メチル－1，2，4－トリアゾロ［3，4－b］ベンゾチアゾールの別名は(①)である。農薬としての用途は(②)である。

	①	②
1	トリシクラゾール	殺菌剤
2	トリシクラゾール	除草剤
3	ジメトエート	殺菌剤
4	ジメトエート	除草剤

(42) 次の記述の(①)及び(②)にあてはまる字句として、正しい組合せはどれか。

> 　2，3－ジヒドロ－2，2－ジメチル－7－ベンゾ［b］フラニル－N－ジブチルアミノチオ－N－メチルカルバマートは、カーバメート系の殺虫剤で、別名は、(①)である。毒物及び劇物取締法により(②)に指定されている。

	①	②
1	カルボスルファン	毒物
2	カルボスルファン	劇物
3	カルバリル	毒物
4	カルバリル	劇物

(43) 次の記述の(①)及び(②)にあてはまる字句として、正しい組合せはどれか。

> 　1，1'－イミノジ(オクタメチレン)ジグアニジン（別名：イミノクタジン）の酢酸塩を含有する製剤は、毒物及び劇物取締法により(①)に指定されている。ただし、1，1'－イミノジ(オクタメチレン)ジグアニジンとして3.5％以下を含有するものは(①)から除かれている。農薬としての主な用途は(②)である。

	①	②
1	毒物	殺鼠剤
2	劇物	殺鼠剤
3	毒物	殺菌剤
4	劇物	殺菌剤

(44) 次の記述の(①)及び(②)にあてはまる字句として、正しい組合せはどれか。

1－(6－クロロ－3－ピリジルメチル)－N－ニトロイミダゾリジン－2－イリデンアミン(別名：イミダクロプリド)は、(①)の殺虫剤で、毒物及び劇物取締法により劇物に指定されている。ただし、1－(6－クロロ－3－ピリジルメチル)－N－ニトロイミダゾリジン－2－イリデンアミンとして(②)％以下(マイクロカプセル製剤にあっては、12％以下)を含有するものは劇物から除かれる。

	①	②
1	フェニルピラゾール系	2
2	フェニルピラゾール系	3
3	ネオニコチノイド系	2
4	ネオニコチノイド系	3

(45) 次の記述の(①)及び(②)にあてはまる字句として、正しい組合せはどれか。

4－クロロ－3－エチル－1－メチル－N－［4－(パラトリルオキシ)ベンジル］ピラゾール－5－カルボキサミド(トルフェンピラドとも呼ばれる。)は、毒物及び劇物取締法により(①)に指定されている。農薬としての用途は(②)である。

	①	②
1	毒物	殺虫剤
2	毒物	植物成長調整剤
3	劇物	殺虫剤
4	劇物	植物成長調整剤

（特定品目）

問9　次の(41)～(45)の問に答えなさい。

(41) 次の記述の(①)～(③)にあてはまる字句として、正しい組合せはどれか。

ホルムアルデヒドの化学式は、(①)で、刺激臭のある無色の(②)である。ホルムアルデヒドを(③)％を超えて含有する製剤は、毒物及び劇物取締法により劇物に指定されている。

	①	②	③
1	HCHO	固体	0.1
2	HCHO	気体	1
3	HCOOH	気体	0.1
4	HCOOH	固体	1

(42) 次の記述の（①）～（③）にあてはまる字句として、正しい組合せはどれか。

一酸化鉛は、（①）の固体で、水にほとんど溶けない。一酸化鉛の化学式は（②）で、（③）とも呼ばれる。

	①	②	③
1	黄色から赤色	PbO_2	鉛糖
2	黄色から赤色	PbO	リサージ
3	無色から白色	PbO_2	リサージ
4	無色から白色	PbO	鉛糖

(43) 次の記述の（①）～（③）にあてはまる字句として、正しい組合せはどれか。

蓚酸（二水和物）は、（①）の結晶で、注意して加熱すると（②）するが、急に加熱すると分解する。主な用途として（③）がある。

	①	②	③
1	無色	昇華	漂白剤
2	無色	潮解	殺鼠剤
3	橙色	昇華	殺鼠剤
4	橙色	潮解	漂白剤

(44) 次の記述の（①）～（③）にあてはまる字句として、正しい組合せはどれか。

硫酸は、（①）の液体である。（②）の酸であり、水に混ぜると（③）する。

	①	②	③
1	可燃性	2価	吸熱
2	可燃性	1価	発熱
3	不燃性	1価	吸熱
4	不燃性	2価	発熱

(45) 次の記述の（①）～（③）にあてはまる字句として、正しい組合せはどれか。

メチルエチルケトンは、（①）液体で、（②）。（③）とも呼ばれる。

	①	②	③
1	引火性がある	臭いはない	カルボール
2	引火性がある	芳香がある	2－ブタノン
3	不燃性の	臭いはない	2－ブタノン
4	不燃性の	芳香がある	カルボール

〔筆　記〕
（一般・農業用品目・特定品目共通）

問1　次は、毒物及び劇物取締法の条文の一部である。　(1)　～　(5)　にあてはまる字句として、正しいものはどれか。

（目的）
第1条
　　この法律は、毒物及び劇物について、　(1)　上の見地から必要な取締を行うことを目的とする。

（定義）
第2条第2項
　　この法律で「劇物」とは、別表第二に掲げる物であつて、　(2)　及び医薬部外品以外のものをいう。

（禁止規定）
第3条第3項
　　毒物又は劇物の販売業の登録を受けた者でなければ、毒物又は劇物を販売し、授与し、又は販売若しくは授与の目的で　(3)　し、運搬し、若しくは陳列してはならない。（以下省略）

（禁止規定）
第3条の4
　　引火性、発火性又は　(4)　のある毒物又は劇物であつて政令で定めるものは、業務その他正当な理由による場合を除いては、　(5)　してはならない。

---

(1)　1　保健衛生　　2　労働安全　　3　環境衛生　　4　犯罪防止

(2)　1　食品　　　　2　危険物　　　3　化粧品　　　4　医薬品

(3)　1　貯蔵　　　　2　交付　　　　3　広告　　　　4　所持

(4)　1　易燃性　　　2　揮発性　　　3　爆発性　　　4　依存性

(5)　1　譲渡　　　　2　販売　　　　3　使用　　　　4　所持

問2 次は、毒物及び劇物取締法、同法施行令及び同法施行規則に関する記述である。(6)～(10)の問に答えなさい。

(6) 毒物又は劇物の営業の登録に関する記述の正誤について、正しい組合せはどれか。

    a 毒物又は劇物の製造業の登録は、5年ごとに更新を受けなければ、その効力を失う。

    b 毒物又は劇物の輸入業の登録は、営業所ごとに受けなければならない。

    c 毒物又は劇物の販売業の登録を受けようとする者は、その店舗の所在地の都道府県知事を経て、厚生労働大臣に申請書を出さなければならない。

    d 毒物劇物一般販売業の登録を受けた者であっても、特定毒物を販売することはできない。

	a	b	c	d
1	正	正	誤	誤
2	正	誤	正	誤
3	正	正	誤	正
4	誤	誤	正	誤

(7) 毒物又は劇物の表示に関する記述の正誤について、正しい組合せはどれか。

    a 法人たる毒物劇物輸入業者は、自ら輸入した毒物を販売するときは、その毒物の容器及び被包に、当該法人の名称及び主たる事務所の所在地を表示しなければならない。

    b 毒物劇物営業者は、劇物の容器及び被包に、「医薬用外」の文字及び赤地に白色をもって「劇物」の文字を表示しなければならない。

	a	b	c	d
1	正	正	正	正
2	正	誤	正	正
3	誤	正	誤	正
4	誤	誤	正	誤

    c 毒物劇物営業者は、毒物たる有機燐化合物の容器及びその被包に、厚生労働省令で定めるその解毒剤の名称を記載しなければ、その毒物を販売してはならない。

    d 劇物の製造業者は、自ら製造した塩化水素を含有する製剤たる劇物（住宅用の洗浄剤で液体状のもの）を授与するときに、その容器及び被包に、眼に入った場合は、直ちに流水でよく洗い、医師の診断を受けるべき旨を表示しなければならない。

(8) 法第3条の3において「興奮、幻覚又は麻酔の作用を有する毒物又は劇物（これらを含有する物を含む。）であつて政令で定めるものは、みだりに摂取し、若しくは吸入し、又はこれらの目的で所持してはならない。」とされている。
    次のa～dのうち、この「政令で定めるもの」に該当するものはどれか。正しいものの組合せを選びなさい。

    a トルエン   b 亜塩素酸ナトリウム   c ホルムアルデヒド
    d メタノールを含有するシンナー

    1 a、b   2 a、d   3 b、c   4 c、d

(9) 毒物劇物営業者が、その取扱いに係る毒物又は劇物の事故の際に講じた措置に関する記述の正誤について、正しい組合せはどれか。

    a 劇物が毒物劇物製造業者の敷地外に流出し、近隣地域の住民に保健衛生上の危害が生ずるおそれがあるため、直ちに、保健所、警察署及び消防機関に届け出るとともに、保健衛生上の危害を防止するために必要な応急の措置を講じた。

    b 毒物劇物販売業者の店舗で毒物が盗難にあったため、直ちに、警察署に届け出た。

	a	b	c
1	正	正	正
2	正	正	誤
3	誤	正	誤
4	正	誤	正

    c 毒物劇物輸入業者の営業所内で劇物を紛失したが、少量であったため、その旨を警察署に届け出なかった。

(10)　次のa～dのうち、法第22条に基づく毒物劇物業務上取扱者として、届出が必要なものはどれか。正しいものの組合せを選びなさい。

    a　四アルキル鉛を含有する製剤を使用して、石油の精製を行う事業
    b　亜砒酸を使用して、しろありの防除を行う事業
    c　シアン化ナトリウムを使用して、金属熱処理を行う事業
    d　モノフルオール酢酸ナトリウムを使用して、野ねずみの駆除を行う事業

    1　a、b　　　　　　2　a、d　　　　　　3　b、c　　　　　　4　c、d

問3　次は、毒物又は劇物の取扱い等に関する記述である。毒物及び劇物取締法、同法施行令及び同法施行規則の規定に照らし、(11)～(15)の問に答えなさい。

(11)　毒物劇物取扱責任者に関する記述の正誤について、正しい組合せはどれか。

    a　毒物劇物営業者が毒物又は劇物の輸入業及び販売業を併せ営む場合において、その営業所と店舗が互いに隣接しているときは、毒物劇物取扱責任者は2つの施設を通じて1人で足りる。
    b　一般毒物劇物取扱者試験に合格した者は、毒物又は劇物の製造業、輸入業及び販売業のいずれにおいても、毒物劇物取扱責任者になることができる。
    c　農業用品目毒物劇物取扱者試験に合格した者は、農業用品目のみを取り扱う輸入業の営業所の毒物劇物取扱責任者になることができる。
    d　特定品目毒物劇物取扱者試験に合格した者は、特定品目のみを取り扱う製造業の毒物劇物取扱責任者になることができる。

	a	b	c	d
1	正	正	正	正
2	正	正	正	誤
3	誤	正	誤	誤
4	誤	誤	正	正

(12)　毒物劇物営業者が毒物又は劇物を販売する際の行為に関する記述の正誤について、正しい組合せはどれか。

    a　毒物を法人たる毒物劇物営業者に販売した際、その都度、毒物の名称及び数量、販売した年月日、譲受人の名称及び主たる事務所の所在地を書面に記載した。
    b　譲受人から提出を受けた、法で定められた事項を記載した書面を、販売した日から3年間保存した後に廃棄した。
    c　譲受人の年齢を身分証明書で確認したところ、17歳であったので、劇物を交付した。
    d　毒物劇物営業者以外の個人に劇物を販売した翌日に、法で定められた事項を記載した書面の提出を受けた。

	a	b	c	d
1	正	誤	誤	正
2	誤	正	誤	誤
3	誤	正	正	正
4	正	誤	誤	誤

(13) 毒物劇物営業者における毒物又は劇物を取り扱う設備に関する記述の正誤について、正しい組合せはどれか。

    a 毒物の輸入業者が、毒物劇物取扱責任者によって、営業所内において毒物を貯蔵する場所を常時直接監視することが可能であるので、その場所にかぎをかける設備を設けなかった。

    b 劇物の製造業者の製造所において、製造作業を行う場所を、板張りの構造とし、その外に毒物又は劇物が飛散し、漏れ、しみ出若しくは流れ出、又は地下にしみ込むおそれのない構造とした。

    c 劇物の販売業者が、劇物を貯蔵する場所が性質上かぎをかけることができないため、その周囲に堅固なさくを設けた。

	a	b	c
1	正	誤	正
2	誤	正	誤
3	誤	正	正
4	誤	誤	誤

(14) 水酸化ナトリウムを 10 %を含有する液体状の劇物を、車両1台を使用して、1回につき 6000 キログラムを運搬する場合の運搬方法に関する記述の正誤について、正しい組合せはどれか。

    a 運搬する車両の前後の見やすい箇所に、0.3 メートル平方の板に地を白色、文字を赤色として「劇」と表示した標識を掲げた。

    b 車両には、防毒マスク、ゴム手袋その他事故の際に応急の措置を講ずるために必要な保護具を1人分備えた。

    c 車両には、運搬する劇物の名称、成分及びその含量並びに事故の際に講じなければならない応急の措置の内容を記載した書面を備えた。

    d 1人の運転者による連続運転時間（1回が連続 10 分以上で、かつ、合計が 30 分以上の運転の中断をすることなく連続して運転する時間をいう。）が、4時間 30 分であるため、交替して運転する者を同乗させた。

	a	b	c	d
1	正	正	誤	誤
2	正	誤	正	誤
3	誤	正	正	正
4	誤	誤	正	正

(15) 荷送人が、運送人に 2000 キログラムの毒物の運搬を委託する場合の、令第 40 条の6の規定に基づく荷送人の通知義務に関する記述の正誤について、正しい組合せどれか。

    a 車両ではなく、鉄道による運搬であったため、通知しなかった。

    b 運送人の承諾を得たため、書面の交付に代えて、磁気ディスクの交付により通知を行った。

    c 運送人の承諾を得たため、書面の交付に代えて、口頭により通知を行った。

    d 通知する書面には、毒物の名称、成分、含量及び数量並びに事故の際に講じなければならない応急の措置の内容を記載した。

	a	b	c	d
1	正	正	誤	正
2	正	誤	正	正
3	誤	正	誤	正
4	正	正	正	誤

問4　次は、毒物劇物営業者又は毒物劇物業務上取扱者である「A」〜「D」の4者に関する記述である。毒物及び劇物取締法、同法施行令及び同法施行規則の規定に照らし、(16)〜(20)の問に答えなさい。
　　　ただし、「A」、「B」、「C」、「D」は、それぞれ別人又は別法人であるものとする。

「A」：毒物劇物輸入業者
　　　水酸化カリウムを輸入できる登録のみを受けている事業者である。
「B」：毒物劇物製造業者
　　　20％水酸化カリウム水溶液を製造できる登録のみを受けている事業者である。
「C」：毒物劇物一般販売業者
　　　毒物及び劇物を販売できる登録のみを受けている事業者である。
「D」：毒物劇物業務上取扱者
　　　研究所において、毒物又は劇物のうち水酸化カリウム及び20％水酸化カリウム水溶液を研究のために使用している事業者である。ただし、毒物劇物営業者ではない。

---

(16)　「A」、「B」、「C」、「D」間の販売等に関する記述の正誤について、正しい組合せはどれか。

a　「A」は、自ら輸入した水酸化カリウムを「B」に販売することができる。
b　「B」は、自ら製造した20％水酸化カリウム水溶液を「C」に販売することができる。
c　「B」は、自ら製造した20％水酸化カリウム水溶液を「D」に販売することができる。
d　「C」は、水酸化カリウムを「D」に販売することができる。

	a	b	c	d
1	正	正	正	正
2	正	正	誤	正
3	誤	正	誤	誤
4	誤	誤	正	正

(17)　「A」は、登録を受けている営業所において、新たに48％水酸化カリウム水溶液を輸入することになった。そのために「A」が行わなければならない手続として、正しいものはどれか。

1　原体である水酸化カリウムの輸入の登録を受けているため、法的手続を要しない。
2　製剤である48％水酸化カリウム水溶液を輸入した後、30日以内に輸入品目の登録の変更を受けなければならない。
3　製剤である48％水酸化カリウム水溶液を輸入する前に、輸入品目の変更を届け出なければならない。
4　製剤である48％水酸化カリウム水溶液を輸入する前に、輸入品目の登録の変更を受けなければならない。

(18)　「B」は、毒物劇物製造業の登録を受けている製造所の名称を「株式会社X　品川工場」から「株式会社X　東京工場」に変更することになった。変更内容は、名称のみであり、法人格には変更がない。この場合に必要な手続に関する記述について、正しいものはどれか。

1　名称変更前に、新たに登録申請を行わなければならない。
2　名称変更前に、登録変更申請を行わなければならない。
3　名称変更後30日以内に、変更届を提出しなければならない。
4　名称変更後30日以内に、登録票再交付申請を行わなければならない。

(19)　「C」は、東京都江東区にある店舗において毒物劇物一般販売業の登録を受け
ているが、この店舗を廃止し、東京都北区に新たに設ける店舗に移転して、引き
続き毒物劇物一般販売業を営む予定である。この場合に必要な手続に関する記述
の正誤について、正しい組合せはどれか。

　　a　北区内の店舗で業務を始める前に、新たに
　　　北区内の店舗で毒物劇物一般販売業の登録を
　　　受けなければならない。
　　b　北区内の店舗で業務を始める前に、店舗所
　　　在地の変更届を提出しなければならない。
　　c　江東区内の店舗を廃止した後 30 日以内に、
　　　廃止届を提出しなければならない。
　　d　北区内の店舗へ移転した後 30 日以内に、登
　　　録票の書換え交付を申請しなければならない。

	a	b	c	d
1	正	誤	誤	誤
2	正	誤	正	誤
3	誤	正	誤	正
4	誤	正	誤	誤

(20)　「D」に関する記述の正誤について、正しい組合せはどれか。

　　a　水酸化カリウムの盗難防止のために必要な措置を講じなければならない。
　　b　飲食物の容器として通常使用される物を、20
　　　％水酸化カリウム水溶液の保管容器として使用
　　　した。
　　c　新たに硝酸を使用する際には、取扱品目の変
　　　更届を提出しなければならない。
　　d　水酸化カリウムの貯蔵場所には、「医薬用外」
　　　の文字及び「劇物」の文字を表示しなければな
　　　らない。

	a	b	c	d
1	正	誤	正	正
2	正	誤	誤	正
3	正	正	正	誤
4	誤	誤	誤	正

問5　次の(21)～(25)の問に答えなさい。

(21)　酸及び塩基に関する記述の正誤について、正しい組合せはどれか。

　　a　水溶液中で溶質のほとんどが電離している塩
　　　基を、強塩基という。
　　b　酸性の水溶液中では、水酸化物イオンは存在
　　　しない。
　　c　水溶液が中性を示すとき、水溶液中に水酸化
　　　物イオンは存在しない。
　　d　アレニウスの定義では、塩基とは、水に溶け
　　　て水酸化物イオンを生じる物質である。

	a	b	c	d
1	正	誤	誤	誤
2	正	正	正	誤
3	誤	正	誤	正
4	正	誤	誤	正

(22)　ｐＨ指示薬をｐＨ2及びｐＨ12の無色透明の水溶液に加えたとき、各ｐＨ指
示薬が呈する色の組合せの正誤について、正しい組合せはどれか。

加えたｐＨ指示薬	ｐＨ2のときの色	ｐＨ12のときの色
a　メチルオレンジ（MO）	赤色	橙黄色～黄色
b　ブロモチモールブルー（BTB）	黄色	青色
c　フェノールフタレイン（PP）	無色	桃色～赤色

	a	b	c
1	正	正	正
2	正	誤	誤
3	誤	正	正
4	誤	誤	正

(23) 濃度不明の水酸化カルシウム水溶液 120mL を過不足なく中和するのに、0.60mol/L の硫酸 100mL を要した。この水酸化カルシウム水溶液のモル濃度（mol/L）として、正しいものはどれか。

1　0.05mol/L　　　　2　0.25mol/L　　　　3　0.50mol/L　　　　4　1.00mol/L

(24) pH に関する記述の正誤について、正しい組合せはどれか。

a　温度が 25 ℃で、水溶液が pH 7を示すとき、溶液中の水素イオンと水酸化物イオンの濃度は一致する。
b　同一条件下において、0.1mol/L 水酸化ナトリウム水溶液の pH は、0.1mol/L 水酸化カルシウム水溶液の pH より大きい。
c　0.001mol/L 水酸化バリウム水溶液1 mL に水を加えていくと、この水溶液の pH は大きくなる。
d　0.01mol/L 塩酸の pH は、0.1 mol/L 塩酸の pH より大きい。

	a	b	c	d
1	正	正	誤	誤
2	誤	誤	正	誤
3	誤	正	誤	正
4	正	誤	誤	正

(25) 水素イオン（H^+）の授受による定義では、酸とは、相手に水素イオン（H^+）を与える分子又はイオンであるとされている。次の化学反応式のうち、下線で示した物質が酸として働いているものはどれか。

1　$\underline{HSO_4^-}$　　　＋　　　$\underline{H_2O}$　　　→　　　SO_4^{2-}　　　＋　　　H_3O^+
2　$\underline{H_2S}$　　　＋　　　$2NaOH$　　　→　　　Na_2S　　　＋　　　$2H_2O$
3　$\underline{CO_3^{2-}}$　　　＋　　　H_2O　　　→　　　HCO_3^-　　　＋　　　OH^-
4　$\underline{NH_3}$　　　＋　　　H_2O　　　→　　　NH_4^+　　　＋　　　OH^-

問6　次の(26)～(30)の問に答えなさい。

(26) 水酸化ナトリウム NaOH 5.0g の物質量（mol）として、正しいものはどれか。ただし、原子量は、水素＝1、酸素＝16、ナトリウム＝23 とする。

1　0.060mol　　　　2　0.080mol　　　　3　0.125mol　　　　4　0.200mol

(27) 水 100g に塩化ナトリウムを溶かして、質量パーセント濃度 20 ％の水溶液を作る。必要な塩化ナトリウムの質量（g）として、正しいものはどれか。

1　12.5g　　　　2　20.0g　　　　3　25.0g　　　　4　40.0g

(28) 70 ℃のホウ酸の飽和水溶液 360 g を 10 ℃に冷却したとき、析出するホウ酸の質量（g）として、最も近いものはどれか。
ただし、70 ℃のホウ酸の溶解度（水 100 g に溶ける g 数）は、20 とし、10 ℃のホウ酸の溶解度（水 100 g に溶ける g 数）は、5 とする。

1　18 g　　　　2　45 g　　　　3　54 g　　　　4　72 g

(29) エタノール C_2H_5OH　9.20g を完全燃焼させたとき、生成する二酸化炭素の標準状態における体積（L）として、正しいものはどれか。
ただし、エタノールが燃焼するときの化学反応式は次のとおりであり、原子量は、水素＝1、炭素＝12、酸素＝16 とし、標準状態で 1 mol の気体の体積は 22.4L とする。

C_2H_5OH　＋　$3O_2$　→　$2CO_2$　＋　$3H_2O$

1　8.96L　　　　2　13.44L　　　　3　17.92L　　　　4　22.40L

(30)　次は、酸化銅（Ⅱ）と炭素が反応して、銅と二酸化炭素を生じる反応の化学反応式である。この反応に関する記述のうち、正しいものはどれか。

$$2CuO + C \rightarrow 2Cu + CO_2$$

　1　この反応で、炭素原子は酸化剤として働いている。
　2　この反応の前後で、銅の酸化数は－2から0に増加している。
　3　この反応により、銅は電子を与えている。
　4　この反応により、炭素原子は酸化されている。

問7　次の(31)～(35)の問に答えなさい。

(31)　元素の周期表に関する記述の正誤について、正しい組合せはどれか。

　a　元素の性質が原子番号に対して周期的に変化することを、元素の周期律という。
　b　17族元素はハロゲンと呼ばれており、非金属元素である。
　c　18族元素は希ガスと呼ばれており、化学的に安定である。
　d　非金属元素は全てが遷移元素である。

	a	b	c	d
1	正	正	正	正
2	正	正	正	誤
3	誤	正	誤	正
4	誤	誤	正	誤

(32)　次の記述の（　①　）～（　③　）にあてはまる字句として、正しい組合せはどれか。

　　一般に、物質には固体・液体・気体の三つの状態があり、これらを物質の三態といい、三態間の変化を状態変化という。
　　液体が固体になる変化を（　①　）という。
　　固体が直接気体になる変化を（　②　）という。
　　状態変化のように、物質の種類は変わらずに状態だけが変わる変化を（　③　）変化という。

	①	②	③
1	凝固	昇華	物理
2	凝固	蒸発	化学
3	凝固	昇華	化学
4	凝縮	蒸発	化学

(33)　次の分子のうち、極性分子はどれか。

　1　Cl_2　　　　　2　CO_2　　　　　3　CH_4　　　　　4　HCl

(34)　次の元素とその炎色反応の色との組合せの正誤について、正しい組合せはどれか。

	元素	炎色反応の色
a	カルシウム	橙赤
b	カリウム	黄
c	ストロンチウム	青緑
d	リチウム	赤

	a	b	c	d
1	正	正	誤	誤
2	誤	正	誤	正
3	正	誤	誤	正
4	正	誤	正	正

(35) 金属のイオン化傾向及び反応性に関する記述のうち、正しいものはどれか。

1 銀 Ag は、常温の空気中で速やかに酸化される。
2 イオン化傾向の小さい金属ほど、陽イオンになりやすい。
3 イオン化傾向の小さい金属ほど、還元作用が強い。
4 亜鉛 Zn は、高温の水蒸気と反応して水素を発生する。

（一般・特定品目共通）

問8 あなたの営業所で硝酸を取り扱うこととなり、安全データシートを作成することになりました。以下は、作成中の硝酸の安全データシートの一部である。(36)〜(40)の問に答えなさい。

```
                     安全データシート

              作 成 日  令和元年 7 月 14 日
              氏   名  株式会社    Ａ 社
              住   所  東京都新宿区西新宿 2-8-1
              電話番号  03-5321-1111

 【製品名】    硝酸
 【物質の特定】
     化学名        ：硝酸
     化学式(示性式)  ：   ①
     CAS 番号      ：7697-37-2
 【取扱い及び保管上の注意】
        ②
 【物理的及び化学的性質】
     外観等 ： 無色の    ③

     臭い  ：     ④
     溶解性 ： 水に混和する
 【安定性及び反応性】
        ⑤
 【廃棄上の注意】
        ⑥
```

(36)   ①   にあてはまる化学式はどれか。

1 HNO_3 2 CH_3OH 3 H_2SO_4 4 NH_3

(37)   ②   にあてはまる「取扱い及び保管上の注意」の正誤について、正しい組合せはどれか。

a 熱源や着火源から離れた通風のよい乾燥した冷暗所に保管する。
b 皮膚に付けたり、蒸気を吸入しないように適切な保護具を着用する。
c 可燃物、有機物と接触させない。

	a	b	c
1	正	正	正
2	正	誤	誤
3	誤	正	正
4	誤	正	誤

(38)   ③   、   ④   にあてはまる「物理的及び化学的性質」として、正しい組合せはどれか。

	③	④
1	液体	無臭
2	液体	刺激臭
3	固体	無臭
4	固体	刺激臭

(39)   ⑤   にあてはまる「安定性及び反応性」として、正しいものはどれか。

1 加熱すると分解して、有害な弗化水素ガスを発生する。
2 加熱すると分解して、有害な一酸化炭素ガスを発生する。
3 加熱すると分解して、有害な硫黄酸化物ガスを発生する。
4 加熱すると分解して、有害な窒素酸化物ガスを発生する。

(40)   ⑥   にあてはまる「廃棄上の注意」として、最も適切なものはどれか。

1 希硫酸に溶かし、還元剤の水溶液を過剰に用いて還元した後、消石灰、ソーダ灰等の水溶液で処理し、濾過する。溶出試験を行い、溶出量が判定基準以下であることを確認して埋立処分する。
2 多量の次亜塩素酸ナトリウム水溶液を用いて酸化分解する。
3 徐々に炭酸ナトリウム又は水酸化カルシウムの撹拌溶液に加えて中和させた後、多量の水で希釈して処理する。水酸化カルシウムの場合は上澄液のみを流す。
4 焼却炉の火室へ噴霧し焼却する。

（一般）

問9　次の(41)〜(45)の問に答えなさい。

(41) キシレンに関する記述の正誤について、正しい組合せはどれか。

a 橙色又は赤色の粉末である。
b 引火性がある。
c 溶剤として用いられる。

	a	b	c
1	正	正	誤
2	誤	誤	正
3	誤	正	正
4	誤	正	誤

(42) ジエチルー（５－フェニルー３－イソキサゾリル）－チオホスフェイト（別名：イソキサチオン）に関する記述の正誤について、正しい組合せはどれか。

a 有機燐系の化合物である。
b 白色結晶性の粉末である。
c 殺虫剤として用いられる。

	a	b	c
1	正	正	正
2	正	正	誤
3	正	誤	正
4	誤	正	正

(43)　（クロロメチル）ベンゼン（塩化ベンジルとも呼ばれる。）に関する記述の正
　　　　誤について、正しい組合せはどれか。

a　刺激臭を有する無色の液体である。
b　水分の存在下で多くの金属を腐食する。
c　劇物に指定されている。

	a	b	c
1	正	正	正
2	正	正	誤
3	誤	正	誤
4	誤	誤	正

(44)　炭酸バリウムに関する記述の正誤について、正しい組合せはどれか。

a　白色の粉末である。
b　エタノールによく溶ける。
c　化学式は $Ba(OH)_2$ である。

	a	b	c
1	正	正	誤
2	正	誤	誤
3	誤	正	正
4	誤	誤	誤

(45)　重クロム酸アンモニウムに関する記述の正誤について、正しい組合せはどれか。

a　橙赤色の結晶である。
b　化学式は $(NH_4)_2Cr_2O_7$ である。
c　劇物に指定されている。

	a	b	c
1	正	正	正
2	正	誤	誤
3	正	誤	正
4	誤	正	正

問10　次の(46)〜(50)の問に答えなさい。

(46)　次の記述の（①）〜（③）にあてはまる字句として、正しい組合せはどれか。

> 燐化水素は（　①　）の臭いを有する（　②　）である。（　③　）とも呼
> ばれる。

	①	②	③
1	フェノール様	気体	テトラエチルピロホスフェイト
2	フェノール様	液体	ホスフィン
3	腐った魚	液体	テトラエチルピロホスフェイト
4	腐った魚	気体	ホスフィン

(47)　次の記述の（①）〜（③）にあてはまる字句として、正しい組合せはどれか。

> 五塩化アンチモンは淡黄色の（　①　）であり、多量の水に触れると激し
> く反応し、（　②　）の気体を発生する。最も適切な廃棄方法は（　③　）で
> ある。

	①	②	③
1	液体	塩化水素	沈殿法
2	液体	硫化水素	中和法
3	固体	硫化水素	沈殿法
4	固体	塩化水素	中和法

(48)　次の記述の（①）〜（③）にあてはまる字句として、正しい組合せはどれか。

> 二硫化炭素は（　①　）液体であり、比重は水より（　②　）。（　③　）に用いられる。

	①	②	③
1	引火性のある	小さい	漂白
2	引火性のある	大きい	ゴム製品の接合
3	不燃性の	大きい	漂白
4	不燃性の	小さい	ゴム製品の接合

(49)　次の記述の（①）〜（③）にあてはまる字句として、正しい組合せはどれか。

> 硅弗化ナトリウムは（　①　）の固体であり、化学式は（　②　）である。（　③　）として用いられる。

	①	②	③
1	黄橙色	$NaBF_4$	釉薬
2	黄橙色	Na_2SiF_6	冷凍用寒剤
3	白色	Na_2SiF_6	釉薬
4	白色	$NaBF_4$	冷凍用寒剤

(50)　次の記述の（①）〜（③）にあてはまる字句として、正しい組合せはどれか。

> アリルアルコールは水に（　①　）。化学式は（　②　）である。毒物及び劇物取締法により（　③　）に指定されている。

	①	②	③
1	よく溶ける	$C_3H_6Cl_2O$	劇物
2	よく溶ける	C_3H_6O	毒物
3	ほとんど溶けない	C_3H_6O	劇物
4	ほとんど溶けない	$C_3H_6Cl_2O$	毒物

（農業用品目）

問8　次は、ジメチルジチオホスホリルフェニル酢酸エチル（PAP、フェントエートとも呼ばれる。）に関する記述である。(36)～(40)の問に答えなさい。

> ジメチルジチオホスホリルフェニル酢酸エチル（PAP、フェントエートとも呼ばれる。）は、（　①　）油状の液体である。ジメチルジチオホスホリルフェニル酢酸エチルを含有する製剤は、毒物及び劇物取締法により（　②　）に指定されている。本品は、（　③　）の農薬として、主に（　④　）として用いられる。最も適切な廃棄方法は（　⑤　）である。

(36)（　①　）にあてはまるものはどれか。

　　1　無色　　　2　赤褐色　　　3　白色　　　　4　暗青緑色

(37)（　②　）にあてはまるものはどれか。

　　1　毒物
　　2　3％を超えて含有するものは毒物、3％以下を含有するものは劇物
　　3　3％以下を含有するものを除き、劇物
　　4　劇物

(38)（　③　）にあてはまるものはどれか。

　　1　有機燐系　　　　　　2　ピレスロイド系
　　3　カーバメート系　　　4　有機塩素系

(39)（　④　）にあてはまるものはどれか。

　　1　除草剤　　　　2　植物成長調整剤　　　　3　殺鼠剤　　　4　殺虫剤

(40)（　⑤　）にあてはまるものはどれか。

　　1　酸化法　　　2　中和法　　　3　還元法　　　　4　燃焼法

問9　次の(41)～(45)の問に答えなさい。

(41) 次の記述の（①）及び（②）にあてはまる字句として、正しい組合せはどれか。

> クロルピクリンは、毒物及び劇物取締法により（　①　）に指定されている。農薬としての用途は（　②　）である。

	①	②
1	劇物	除草剤
2	劇物	土壌燻蒸剤
3	毒物	土壌燻蒸剤
4	毒物	除草剤

(42) 次の記述の（ ① ）及び（ ② ）にあてはまる字句として、正しい組合せはどれか。

1, 3－ジカルバモイルチオ－2－（N,N－ジメチルアミノ）－プロパン塩酸塩（カルタップとも呼ばれる。）は、（ ① ）である。 1, 3－ジカルバモイルチオ－2－（N,N－ジメチルアミノ）－プロパン塩酸塩を含有する製剤は、毒物及び劇物取締法により、（ ② ）％以下を含有するものを除き、劇物に指定されている。

	①	②
1	無色又は白色の固体	2
2	無色又は白色の固体	5
3	赤色又は橙赤色の固体	5
4	赤色又は橙赤色の固体	2

(43) 次の記述の（ ① ）及び（ ② ）にあてはまる字句として、正しい組合せはどれか。

塩素酸ナトリウムは、毒物及び劇物取締法により（ ① ）に指定されている。農薬としての用途は（ ② ）である。

	①	②
1	劇物	除草剤
2	劇物	殺菌剤
3	毒物	殺菌剤
4	毒物	除草剤

(44) 次の記述の（ ① ）及び（ ② ）にあてはまる字句として、正しい組合せはどれか。

2, 2'－ジピリジリウム－1, 1'－エチレンジブロミド（ジクワットとも呼ばれる。）は、（ ① ）であり、最も適切な廃棄方法は（ ② ）である。

	①	②
1	淡黄色の固体	燃焼法
2	無色透明の液体	燃焼法
3	無色透明の液体	中和法
4	淡黄色の固体	中和法

(45) 次の記述の（ ① ）及び（ ② ）にあてはまる字句として、正しい組合せはどれか。

> 　　２，２－ジメチル－２，３－ジヒドロ－１－ベンゾフラン－７－イル＝Ｎ－［Ｎ－（２－エトキシカルボニルエチル）－Ｎ－イソプロピルスルフェナモイル］－Ｎ－メチルカルバマート（別名：ベンフラカルブ）は、（ ① ）％以下を含有するものを除き、劇物に指定されており、（ ② ）の殺虫剤の成分である。

	①	②
1	6	カーバメイト系
2	6	ネオニコチノイド系
3	3	カーバメイト系
4	3	ネオニコチノイド系

（特定品目）

問9　次の(41)～(45)の問に答えなさい。

(41) 次の記述の（ ① ）～（ ③ ）にあてはまる字句として、正しい組合せはどれか。

> 　硅弗化ナトリウムは、（ ① ）の結晶で、水に（ ② ）。（ ③ ）と接触すると弗化水素ガス及び四弗化硅素ガスを発生する。

	①	②	③
1	白色	溶けやすい	アルカリ
2	白色	溶けにくい	酸
3	青色	溶けにくい	アルカリ
4	青色	溶けやすい	酸

(42)　次の記述の（ ① ）～（ ③ ）にあてはまる字句として、正しい組合せはどれか。

> 　塩素は、（ ① ）の気体で、（ ② ）。強い（ ③ ）作用を示す。

	①	②	③
1	無色	臭いはない	酸化
2	無色	刺激臭がある	還元
3	黄緑色	臭いはない	還元
4	黄緑色	刺激臭がある	酸化

(43)　次の記述の（①）～（③）にあてはまる字句として、正しい組合せはどれか。

> アンモニアは、刺激臭のある無色の（　①　）であり、水に（　②　）。最も適切な廃棄方法は、（　③　）である。

	①	②	③
1	気体	溶けにくい	アルカリ法
2	気体	溶けやすい	中和法
3	液体	溶けにくい	中和法
4	液体	溶けやすい	アルカリ法

(44)　次の記述の（①）～（③）にあてはまる字句として、正しい組合せはどれか。

> メチルエチルケトンの化学式は（①）である。（②）で、水に（③）。

	①	②	③
1	$CH_3COC_2H_5$	無色の固体	溶けやすい
2	$CH_3COC_2H_5$	白色の固体	ほとんど溶けない
3	$CH_3COOC_2H_5$	白色の固体	溶けやすい
4	$CH_3COOC_2H_5$	無色の固体	ほとんど溶けない

(45)　次の記述の（①）～（③）にあてはまる字句として、正しい組合せはどれか。

> メタノールは、（①）無色透明の液体であり、（②）。水に（③）。

	①	②	③
1	不燃性の	無臭である	溶けやすい
2	不燃性の	特有の臭いがある	溶けにくい
3	引火性がある	無臭である	溶けにくい
4	引火性がある	特有の臭いがある	溶けやすい

東京都
令和2年度実施

〔筆 記〕
（一般・農業用品目・特定品目共通）

問1　次は、毒物及び劇物取締法の条文の一部である。 (1) ～ (5) にあてはまる字句として、正しいものはどれか。

（目的）
第1条
　　この法律は、毒物及び劇物について、保健衛生上の見地から必要な、
　　 (1) を行うことを目的とする。

（定義）
第2条第1項
　　この法律で「毒物」とは、別表第一に掲げる物であつて、医薬部及び
　　 (2) 以外のものをいう。

（禁止規定）
第3条第1項
　　毒物又は劇物の (3) 業の登録を受けた者でなければ、毒物又は劇物を
販売又は授与の目的で (3) してはならない。

（禁止規定）
第3条の3
　　興奮、幻覚又は (4) の作用を有する毒物又は劇物（これらを含有する
物を含む。）であつて政令で定めるものは、みだりに摂取し、若しくは吸入
し、又はこれらの目的で (5) してはならない。

---

(1)　1　規制　　　2　管理　　　　3　監視　　　　4　取締

(2)　1　食品　　　2　食品添加物　3　医薬部外品　4　指定薬物

(3)　1　製造販売　2　卸売販売　　3　貸与　　　　4　製造

(4)　1　麻酔　　　2　鎮静　　　　3　錯乱　　　　4　酩酊
　　　　　　　　　　　　　　　　　　　　　　　　　めいてい

(5)　1　輸入　　　2　譲渡　　　　3　貯蔵　　　　4　所持

問2 次は、毒物及び劇物取締法、同法施行令及び同法施行規則に関する記述である。(6)〜(10)の問いに答えなさい。

(6) 毒物又は劇物の営業の登録に関する記述の正誤について、正しい組合せはどれか。

　　a　毒物又は劇物の輸入業の登録は、6年ごとに更新を受けなければ、その効力を失う。
　　b　毒物又は劇物の製造業の登録は、5年ごとに更新を受けなければ、その効力を失う。
　　c　毒物又は劇物の販売業の登録は、店舗ごとに受けなければならない。
　　d　毒物又は劇物の販売業の登録は、一般販売業、農業用品目販売業及び特定品目販売業に分けられる。

	a	b	c	d
1	正	正	誤	誤
2	正	誤	正	正
3	誤	正	正	正
4	誤	正	誤	正

(7) 毒物又は劇物の表示に関する記述の正誤について、正しい組合せはどれか。

　　a　毒物劇物営業者は、毒物の容器及び被包に、「医薬用外」の文字及び赤地に白色をもって「毒物」の文字を表示しなければならない。
　　b　毒物劇物営業者は、劇物の容器及び被包に、「医薬用外」の文字及び白地に赤色をもって「劇物」の文字を表示しなければならない。
　　c　毒物劇物営業者は、毒物たる有機燐化合物の容器及びその被包に、厚生労働省令で定めるその解毒剤の名称を表示しなければ、その毒物を販売してはならない。
　　d　毒物劇物営業者は、劇物を陳列する場所に、色の規定はないが「医薬用外」の文字及び「劇物」の文字を表示しなければならない。

	a	b	c	d
1	正	正	正	正
2	正	誤	正	誤
3	正	正	誤	誤
4	誤	誤	誤	正

(8) 法第3条の4において「引火性、発火性又は爆発性のある毒物又は劇物であつて政令で定めるものは、業務その他正当な理由による場合を除いては、所持してはならない。」とされている。
　　次のa〜dのうち、この「政令で定めるもの」に該当するものはどれか。正しいものの組合せを選びなさい。

　　a　塩素酸カリウム　　b　カリウム　　c　トルエン　　d　ピクリン酸

　　1　a、b　　　　　2　a、d　　　　3　b、c　　　　4　c、d

(9) 毒物劇物営業者又は毒物劇物業務上取扱者が、その取扱いに係る毒物又は劇物の事故の際に講じた措置に関する記述の正誤について、正しい組合せはどれか。

　　a　劇物が毒物劇物製造業者の敷地外に流出し、近隣の住民に保健衛生上の危害が生ずるおそれがあるため、直ちに、その旨を保健所、警察署及び消防機関に届け出るとともに、保健衛生上の危害を防止するために必要な応急の措置を講じた。
　　b　毒物劇物販売業者の店舗で毒物が盗難にあったため、少量ではあったが、直ちに、その旨を警察署に届け出た。
　　c　毒物劇物業務上取扱者の事業所内で劇物を紛失したが、少量であったため、その旨を警察署に届け出なかった。

	a	b	c
1	正	正	正
2	正	正	誤
3	誤	正	誤
4	正	誤	正

(10)　次の a ～ d のうち、法第 22 条に基づく毒物劇物業務上取扱者として、届出が必要なものはどれか。正しいものの組合せを選びなさい。

　　a　四アルキル鉛を含有する製剤を使用して、石油の精製を行う事業
　　b　トルエンを使用して、シンナーの製造を行う事業
　　c　シアン化カリウムを使用して、電気めつきを行う事業
　　d　亜砒酸を使用して、しろありの防除を行う事業

　　1　a、b　　　　　　2　a、d　　　　　　3　b、c　　　　　4　c、d

問3　次は、毒物又は劇物の取扱い等に関する記述である。毒物及び劇物取締法、同法施行令及び同法施行規則の規定に照らし、(11) ～ (15) の問いに答えなさい。

(11)　毒物劇物取扱責任者に関する記述の正誤について、正しい組合せはどれか。

　　a　東京都知事が行う一般毒物劇物取扱責任者試験に合格した者は、他の道府県に所在する毒物劇物の輸入業の営業所の毒物劇物取扱責任者になることができる。
　　b　18 歳未満の者であっても、毒物劇物販売業の業務に 1 年以上従事した者であれば、毒物劇物販売業の店舗の毒物劇物取扱責任者になることができる。
　　c　一般毒物劇物取扱者試験に合格した者は、農業用品目のみを取り扱う輸入業の営業所の毒物劇物取扱責任者になることができる。
　　d　毒物劇物営業者は、毒物劇物取扱責任者を変更したときは、変更後 30 日以内に届け出なければならない。

	a	b	c	d
1	正	正	正	正
2	正	誤	正	正
3	誤	正	正	誤
4	誤	誤	誤	正

(12)　毒物劇物営業者が毒物又は劇物を販売する際の行為に関する記述の正誤について、正しい組合せはどれか。

　　a　毒物を毒物劇物営業者以外の個人に販売する際、法で定められた事項を記載した書面に、譲受人による押印がなかったが、署名されていたので、毒物を販売した。
　　b　毒物劇物営業者以外の個人に劇物を販売した翌日に、法で定められた事項を記載した書面の提出を受けた。
　　c　毒物を法人たる毒物劇物営業者に販売した際、その都度、毒物の名称及び数量、販売した年月日、譲受人の名称及び主たる事務所の所在地を書面に記載した。
　　d　譲受人から提出を受けた、法で定められた事項を記載した書面を、販売した日から 2 年間保存した後に廃棄した。

	a	b	c	d
1	正	正	正	正
2	誤	正	誤	誤
3	誤	誤	正	正
4	誤	誤	正	誤

(13)　毒物劇物営業者における毒物又は劇物を取り扱う設備に関する記述の正誤について、正しい組合せはどれか。

 a　劇物の販売業者が、劇物を貯蔵する設備として、劇物とその他の物とを区分して貯蔵できるものを設けた。
 b　劇物の製造業者が、製造頻度が低いことを理由に、製造所において、劇物を含有する粉じん、蒸気又は廃水の処理に要する設備及び器具を備えなかった。
 c　毒物の輸入業者が、毒物劇物取扱責任者によって、営業所内において毒物を貯蔵する場所を常時直接監視することが可能であるため、その場所にかぎをかける設備を設けなかった。

	a	b	c
1	正	正	正
2	正	正	誤
3	正	誤	誤
4	誤	誤	正

(14)　行政上の処分及び立入検査等に関する記述の正誤について、正しい組合せはどれか。
　　ただし、都道府県知事とあるのは、毒物劇物販売業の店舗の所在地が保健所を設置する市又は特別区の区域にある場合においては、市長又は区長とする。

 a　都道府県知事は、毒物劇物輸入業の毒物劇物取扱責任者について、その者が毒物劇物取扱責任者として不適当であると認めたため、その毒物劇物輸入業者に対して、その変更を命じた。
 b　都道府県知事は、保健衛生上必要があると認めたため、毒物劇物監視員に、毒物劇物製造業者から毒物を試験のため必要な最小限度の分量だけ収去させた。
 c　都道府県知事は、毒物劇物製造業者が、劇物をそのまま土の中に埋めて廃棄したことにより、地下水を汚染させ、近隣の住民に保健衛生上の危害が生ずるおそれがあると認めたため、当該廃棄物の回収を命じた。
 d　都道府県知事は、毒物劇物販売業者の有する設備が厚生労働省令で定める基準に適合しなくなったと認めたため、期間を定めて、その設備を当該基準に適合させるために必要な措置をとることを命じた。

	a	b	c	d
1	正	正	正	正
2	正	誤	誤	誤
3	正	誤	正	正
4	誤	正	誤	正

(15)　特定毒物の取扱いに関する記述について、正しいものはどれか。

 1　特定毒物研究者が、特定毒物を学術研究以外の用途で使用した。
 2　毒物劇物製造業者が、毒物の製造のために特定毒物を使用した。
 3　特定毒物使用者が、特定毒物使用者でなくなった日から30日後に、現に所有する特定毒物の品名及び数量を届け出た。
 4　特定毒物使用者は、必ず都道府県知事の指定を受けなければならない。

問 4　次は、毒物劇物営業者又は毒物劇物業務上取扱者である「A」〜「D」の 4 者に関する記述である。毒物及び劇物取締法、同法施行令及び同法施行規則の規定に照らし、(16)〜(20)の問いに答えなさい。
　　　　ただし、「A」、「B」、「C」、「D」は、それぞれ別人又は別法人であるものとする。

「A」：毒物劇物輸入業者
　　　アンモニアを輸入できる登録のみを受けている事業者である。
「B」：毒物劇物製造業者
　　　20 ％アンモニア水溶液を製造できる登録のみを受けている事業者である。
「C」：毒物劇物一般販売業者
　　　毒物及び劇物を販売できる登録のみを受けている事業者である。
「D」：毒物劇物業務上取扱者
　　　アンモニア及び 20 ％アンモニア水溶液を学術研究のために使用している個人である。ただし、毒物及び劇物取締法に基づく登録・許可はいずれも受けていない。

---

(16)　「A」、「B」、「C」、「D」における販売等に関する記述の正誤について、正しい組合せはどれか。

a　「A」は、自ら輸入したアンモニアを「B」に販売することができる。
b　「A」は、自ら輸入したアンモニアを「D」に販売することができる。
c　「B」は、自ら製造した 20 ％アンモニア水溶液を「C」に販売することができる。
d　「C」は、20 ％アンモニア水溶液を「D」に販売することができる。

	a	b	c	d
1	正	正	正	正
2	誤	誤	正	誤
3	正	誤	正	正
4	誤	正	誤	正

(17)　「A」は、登録を受けている営業所において、新たに 30 ％アンモニア水溶液を輸入することになった。「A」が行わなければならない手続として、正しいものはどれか。

　1　30 ％アンモニア水溶液を輸入した後、直ちに輸入品目の登録の変更を受けなければならない。
　2　30 ％アンモニア水溶液を輸入する前に、輸入品目の登録の変更を受けなければならない。
　3　30 ％アンモニア水溶液を輸入した後、30 日以内に輸入品目の登録の変更を届け出なければならない。
　4　30 ％アンモニア水溶液を輸入する前に、輸入品目の登録の変更を届け出なければならない。

(18) 「B」は、東京都墨田区にある製造所において毒物劇物製造業の登録を受けているが、この製造所を廃止し、東京都足立区に新たに設ける製造所に移転して、引き続き毒物劇物製造業を営む予定である。この場合に必要な手続に関する記述の正誤について、正しい組合せはどれか。

a 足立区の製造所で業務を始める前に、製造所の所在地の変更届を提出しなければならない。

b 足立区の製造所で業務を始める前に、新たに足立区の製造所において毒物劇物製造業の登録を受けなければならない。

c 墨田区の製造所を廃止した後 30 日以内に、廃止届を提出しなければならない。

d 足立区の製造所へ移転した後 30 日以内に、登録票の書換え交付を申請しなければならない。

	a	b	c	d
1	正	誤	正	誤
2	正	誤	誤	正
3	誤	正	正	誤
4	誤	正	正	正

(19) 「D」に関する記述の正誤について、正しい組合せはどれか。

a アンモニア及び 20 ％アンモニア水溶液の貯蔵場所に、「医薬用外劇物」の文字を表示しなければならない。

b アンモニア及び 20 ％アンモニア水溶液の盗難防止のために、必要な措置を講じなければならない。

c 20 ％アンモニア水溶液を小分けしたが、自らが使用するだけなので容器に「医薬用外劇物」の文字を表示する必要はない。

d アンモニア及び 20 ％アンモニア水溶液を使用しなくなったときには、毒物劇物業務上取扱者の廃止届を提出しなければならない。

	a	b	c	d
1	正	正	正	誤
2	正	誤	正	正
3	誤	正	誤	正
4	正	正	誤	誤

(20) 「D」は学術研究のため、特定毒物であるモノフルオール酢酸ナトリウムを新たに使用することになった。モノフルオール酢酸ナトリウムは、「C」から購入する予定である。このとき、「C」と「D」が行わなければならない手続に関する記述の正誤について、正しい組合せはどれか。

a 「D」は、取扱品目の変更届を提出しなければならない。

b 「C」は、特定毒物使用者の登録を受けなければならない。

c 「D」は、特定毒物研究者の許可を受けなければならない。

d 「C」は、取扱品目の変更届を提出しなければならない。

	a	b	c	d
1	正	正	正	誤
2	正	誤	誤	正
3	誤	誤	正	誤
4	誤	誤	正	正

問5 次の(21)〜(25)の問いに答えなさい。

(21) 酸及び塩基に関する記述の正誤について、正しい組合せはどれか。

a ブレンステッド・ローリーの定義による酸とは、水素イオンH⁺を相手に与える物質である。

b 1 価の酸を弱酸といい、2 価以上の酸を強酸という。

c 酢酸は 1 価の酸である。

	a	b	c
1	正	正	誤
2	正	誤	正
3	誤	正	正
4	誤	誤	誤

(22) 0.0050mol/L水酸化バリウム水溶液の pH として、正しいものはどれか。
ただし、水酸化バリウムは完全に電離しているものとし、水溶液の温度は 25 ℃ とする。
また、25 ℃における水のイオン積は $[H^+][OH^-] = 1.0 \times 10^{-14}(mol/L)^2$ とする。

1 pH 1 　　 2 pH 2 　　 3 pH12 　　 4 pH13

(23) 塩化アンモニウム、酢酸ナトリウム、水酸化ナトリウム、硝酸それぞれの 0.1mol/L水溶液について、pH の小さいものから並べた順番として、正しいものはどれか。

1 硝酸 ＜ 酢酸ナトリウム ＜ 塩化アンモニウム ＜ 水酸化ナトリウム
2 硝酸 ＜ 塩化アンモニウム ＜ 酢酸ナトリウム ＜ 水酸化ナトリウム
3 水酸化ナトリウム ＜ 塩化アンモニウム ＜ 酢酸ナトリウム ＜ 硝酸
4 水酸化ナトリウム ＜ 酢酸ナトリウム ＜ 塩化アンモニウム ＜ 硝酸

(24) 密度が 1.2g/cm³で、質量パーセント濃度が 10 ％の水酸化ナトリウム水溶液がある。この水溶液のモル濃度（mol/L）として、最も近いものはどれか。
ただし、原子量は、水素＝1、酸素＝16、ナトリウム＝23 とする。

1 0.033mol/L 　　 2 0.33mol/L 　　 3 3.0mol/L 　　 4 30mol/L

(25) 濃度が不明の過酸化水素水溶液 10.0 ｍＬに希硫酸を加えて酸性にし、0.100mol/Lの過マンガン酸カリウム水溶液を 8.40 ｍＬ加えると、溶液がわずかに赤紫色に着色した。過酸化水素水溶液のモル濃度（mol/L）として、正しいものはどれか。
ただし、過マンガン酸カリウムの化学式は $KMnO_4$、過酸化水素の化学式は H_2O_2 であり、MnO_4^- と H_2O_2 は、次のように働く。

MnO_4^- ＋ $8H^+$ ＋ $5e^-$ → Mn^{2+} ＋ $4H_2O$
H_2O_2 → O_2 ＋ $2H^+$ ＋ $2e^-$

1 0.0840mol/L 　　 2 0.210mol/L 　　 3 0.336mol/L 　　 4 0.420mol/L

問6 次の(26)～(30)の問いに答えなさい。

(26) ある気体を容器に入れ、8.3×10^5Pa、127 ℃に保ったとき、気体の密度は 4.0 g/L であった。この気体の分子量として、正しいものはどれか。
ただし、この気体は理想気体とする。また、気体定数は、8.3×10^3[Pa・L/(K・mol)] とし、絶対温度 T(K)とセ氏温度（セルシウス温度）t (℃)の関係は、$T = t + 273$ とする。

1 16 　　 2 30 　　 3 32 　　 4 44

(27) 次の３つの熱化学方程式を用いて、プロパン（C_3H_8）1.0mol の燃焼熱（kJ）を計算したとき、正しいものはどれか。
ただし、（固）は固体、（液）は液体、（気）は気体の状態を示す。

① C（固） ＋ O_2（気） ＝ CO_2（気） ＋ 394kJ
② $2H_2$（気） ＋ O_2（気） ＝ $2H_2O$（液） ＋ 572kJ
③ 3C（固） ＋ $4H_2$（気） ＝ C_3H_8（気） ＋ 105kJ

1 2221kJ 　　 2 2399kJ 　　 3 2431kJ 　　 4 2609kJ

(28) 次の記述の （ ① ） 及び （ ② ） にあてはまるものとして、正しい組合せはどれか。

ただし、原子量は、水素＝1、炭素＝12、酸素＝16 とする。

フェノールの化学式は （ ① ） であり、その分子量は （ ② ） である。

	①	②
1	ＯＨ	89
2	ＯＨ	94
3	ＣＨ₃	87
4	ＣＨ₃	92

(29) 炭素、水素、酸素からなる有機化合物の試料 40.0mg を完全燃焼したところ、二酸化炭素 77.0mg、水 46.8mg を生じた。この有機化合物の組成式として、正しいものはどれか。

ただし、原子量は、水素＝1、炭素＝12、酸素＝16 とする。

1　CH_2O　　2　CH_3O　　3　C_2H_6O　　4　C_3H_5O

(30) 次の記述の （①） 及び （②） にあてはまる字句として、正しい組合せはどれか。

複数の原子が結びついて分子をつくる結合は、共有結合と呼ばれる。2つの水素原子は互いの （①） を共有し合って、（②） の原子に似た安定な電子配置を完成し、水素分子となる。

	①	②
1	陽子	希ガス元素
2	陽子	ハロゲン元素
3	電子	希ガス元素
4	電子	ハロゲン元素

- 39 -

問7　次の(31)～(35)の問いに答えなさい。

(31)　次の記述の(①)～(③)にあてはまる字句として、正しい組合せはどれか。

> 　原子には、原子番号は同じでも、(①)の数の異なる原子が存在するものがあり、これらを互いに(②)という。
> 　また、同じ元素の単位で、性質の異なるもの（例えば、ダイヤモンドは無色透明で硬く、電気を通さないが、黒鉛は黒色で軟らかく、電気を通す。）を互いに(③)という。

	①	②	③
1	陽子	同素体	同位体
2	陽子	同位体	同素体
3	中性子	同位体	同素体
4	中性子	同素体	同位体

(32)　次の記述の(①)及び(②)にあてはまる字句として、正しい組合せはどれか。

> 　沃素溶液と二酸化硫黄水溶液を反応させたときの化学反応式は、次のとおりである。
> 　　$I_2 + SO_2 + 2H_2O \rightarrow 2HI + H_2SO_4$
> 　この反応において、沃素原子の酸化数は(①)しているので、二酸化硫黄は(②)として働いている。

	①	②
1	減少	還元剤
2	減少	酸化剤
3	増加	還元剤
4	増加	酸化剤

(33)　次の記述の(①)及び(②)にあてはまる字句として、正しい組合せはどれか。

> 　炭素、水素、酸素のみから構成される第一級アルコールを酸化させると(①)が生成する。これをさらに酸化させると(②)が生成する。

	①	②
1	ケトン	スルホン酸
2	アルデヒド	スルホン酸
3	ケトン	カルボン酸
4	アルデヒド	カルボン酸

(34) 次の記述の（ ① ）～（ ④ ）にあてはまる字句として、正しい組合せはどれか。

> 電気分解では、水溶液中の還元されやすい物質が陰極で電子を（ ① ）、酸化されやすい物質が陽極で電子を（ ② ）。これらのことから、塩化銅（Ⅱ）水溶液に２本の炭素棒を電極として入れ、電気分解すると、陰極では（ ③ ）し、陽極では（ ④ ）する。

	①	②	③	④
1	失い	受け取る	塩素が発生	銅が析出
2	失い	受け取る	銅が析出	塩素が発生
3	受け取り	失う	塩素が発生	銅が析出
4	受け取り	失う	銅が析出	塩素が発生

(35) 銀イオン Ag^+、銅（Ⅱ）イオン Cu^{2+}、鉄（Ⅲ）イオン Fe^{3+} を含む混合溶液について、以下の操作を行った。（ ① ）及び（ ② ）にあてはまる字句として、正しい組合せはどれか。
ただし、混合溶液中には上記のイオン以外は含まれていないものとする。

> この混合溶液に希塩酸（塩化水素水溶液）を加えたところ、白色の沈殿を生じた。この沈殿物の化学式は、（ ① ）である。これを濾過し、沈殿物と濾液を完全に分けた。
> さらに、この濾液に硫化水素を通じたところ、黒色の沈殿物を生じた。この沈殿物の化学式は、（ ② ）である。

	①	②
1	AgCl	FeS
2	AgCl	CuS
3	$FeCl_3$	Ag_2S
4	$FeCl_3$	CuS

（一般・農業用品目共通）

問8　次は、２－イソプロピル－４－メチルピリミジル－６－ジエチルチオホスフェイト（別名：ダイアジノン）に関する記述である。
(36)～(40)の問いに答えなさい。

> ２－イソプロピル－４－メチルピリミジル－６－ジエチルチオホスフェイト（別名：ダイアジノン）は（ ① ）。化学式は（ ② ）である。
> ２－イソプロピル－４－メチルピリミジル－６－ジエチルチオホスフェイトを含有する製剤は、毒物及び劇物取締法により（ ③ ）に指定されており、主に（ ④ ）として用いられる。最も適切な廃棄方法は（ ⑤ ）である。

(36)　（ ① ）にあてはまるものはどれか。

1　無色の結晶で水によく溶ける
2　赤褐色の液体で水によく溶ける
3　無色の液体で水にほとんど溶けない
4　白色の結晶で水にほとんど溶けない

(37) （ ② ）にあてはまるものはどれか。

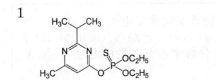

(38) （ ③ ）にあてはまるものはどれか。
1　毒物
2　5％を超えて含有するものは毒物、5％（マイクロカプセル製剤にあっては25％）以下を含有するものは劇物
3　劇物
4　5％（マイクロカプセル製剤にあっては25％）以下を含有するものを除き、劇物

(39) （ ④ ）にあてはまるものはどれか。
1　殺鼠剤　　2　植物成長調整剤　　3　殺虫剤　　4　除草剤

(40) （ ⑤ ）にあてはまるものはどれか。
1　固化隔離法　　2　燃焼法　　3　回収法　　4　沈殿法

（一般）

問9　次の(41)～(45)の問いに答えなさい。

(41) フルオロスルホン酸に関する記述の正誤について、正しい組合せはどれか。

a　白色の結晶である。
b　水や蒸気と反応し、弗化水素を生成する。
c　毒物に指定されている。

	a	b	c
1	正	正	正
2	正	誤	誤
3	誤	正	正
4	誤	正	誤

(42) アバメクチンに関する記述の正誤について、正しい組合せはどれか。

a　類白色の結晶粉末である。
b　マクロライド系の殺虫剤である。
c　1.8％以下を含有するものを除き、劇物に指定されている。

	a	b	c
1	正	誤	正
2	誤	正	正
3	正	誤	誤
4	正	正	誤

(43) エチレンオキシドに関する記述の正誤について、正しい組合せはどれか。

a 無色の気体である。
b 水にほとんど溶けない。
c 燻蒸消毒に用いられる。

	a	b	c
1	正	正	誤
2	正	誤	誤
3	誤	正	正
4	正	誤	正

(44) ピクリン酸に関する記述の正誤について、正しい組合せはどれか。

a 無色の液体である。
b 官能基として、アミノ基を有する。
c 染料として用いられる。

	a	b	c
1	正	正	誤
2	誤	誤	正
3	誤	正	正
4	誤	誤	誤

(45) メタクリル酸に関する記述の正誤について、正しい組合せはどれか。

a 重合性を有する。
b 25 %以下を含有するものを除き、劇物に指定されている。
c 接着剤として使用される。

	a	b	c
1	正	正	正
2	誤	誤	正
3	正	正	誤
4	正	誤	正

問10 次の(46)～(50)の問いに答えなさい。

(46) 次の記述の（①）～（③）にあてはまる字句として、正しい組合せはどれか。

> アセトニトリルは、無色の（①）で、化学式は（②）である。加水分解すると（③）とアンモニアを生成する。

	①	②	③
1	液体	⟨benzene⟩—CN	安息香酸
2	液体	CH_3CN	酢酸
3	固体	⟨benzene⟩—CN	酢酸
4	固体	CH_3CN	安息香酸

(47) 次の記述の（①）～（③）にあてはまる字句として、正しい組合せはどれか。

S－メチル－N－［（メチルカルバモイル）－オキシ］－チオアセトイミデートは、別名を（①）といい、45 ％を超えて含有する製剤は、毒物及び劇物取締法により（②）に指定されている。農薬としての用途は（③）である。

	①	②	③
1	メタナミン	劇物	殺虫剤
2	メタナミン	毒物	除草剤
3	メトミル	劇物	除草剤
4	メトミル	毒物	殺虫剤

(48) 次の記述の（①）～（③）にあてはまる字句として、正しい組合せはどれか。

沃素は、（①）であり、（②）を有する。澱粉と反応すると（③）を呈する。

	①	②	③
1	赤褐色の液体	昇華性	黄褐色
2	赤褐色の液体	風解性	藍色
3	黒灰色で光沢のある結晶	昇華性	藍色
4	黒灰色で光沢のある結晶	風解性	黄褐色

(49) 次の記述の（①）～（③）にあてはまる字句として、正しい組合せはどれか。

ホスゲンの化学式は、（①）で、特有の青草臭を有する（②）である。水により徐々に分解され、（③）を発生する。

	①	②	③
1	$COCl_2$	液体	二酸化窒素
2	$COCl_2$	気体	塩化水素
3	CCl_3NO_2	気体	二酸化窒素
4	CCl_3NO_2	液体	塩化水素

(50) 次の記述の（①）～（③）にあてはまる字句として、正しい組合せはどれか。

トルイジンは、官能基として（①）を有する化合物で、（②）種類の異性体がある。主に（③）として用いられる。

	①	②	③
1	アミノ基	3	染料の製造原料
2	アミノ基	5	殺菌剤
3	ヒドロキシ基	3	殺菌剤
4	ヒドロキシ基	5	染料の製造原料

（農業用品目）

問9　次の(41)～(45)の問いに答えなさい。

(41)　次の記述の（①）～（③）にあてはまる字句として、正しい組合せはどれか。

> ３－ジメチルジチオホスホリルー S －メチルー５－メトキシー１，３，４－チアジアゾリンー２－オン（メチダチオン、DMTP とも呼ばれる。）は（①）である。毒物及び劇物取締法により（②）に指定されている。（③）として用いられる。

	①	②	③
1	灰白色の結晶	毒物	ピレスロイド系殺虫剤
2	灰白色の結晶	劇物	有機燐系殺虫剤
3	暗褐色の粘性液体	劇物	ピレスロイド系殺虫剤
4	暗褐色の粘性液体	毒物	有機燐系殺虫剤

(42)　次の記述の（①）～（③）にあてはまる字句として、正しい組合せはどれか。

> １，１'－ジメチルー４，４'－ジピリジニウムジクロリド（パラコートとも呼ばれる。）を含有する製剤は、毒物及び劇物取締法により（①）に指定されている。農薬としての用途は（②）であり、最も適切な廃棄方法は（③）である。

	①	②	③
1	毒物	殺鼠剤	中和法
2	劇物	殺鼠剤	燃焼法
3	劇物	除草剤	中和法
4	毒物	除草剤	燃焼法

(43)　次の記述の（①）～（③）にあてはまる字句として、正しい組合せはどれか。

> １，３－ジカルバモイルチオー２－（N，N－ジメチルアミノ）－プロパン塩酸塩（カルタップとも呼ばれる。）は（①）で、エーテルやベンゼンに（②）。農薬としての用途は（③）である。

	①	②	③
1	無色又は白色の固体	ほとんど溶けない	ネライストキシン系殺虫剤
2	ほとんど無色の油状液体	ほとんど溶けない	有機塩素系殺虫剤
3	無色又は白色の固体	よく溶ける	有機塩素系殺虫剤
4	ほとんど無色の油状液体	よく溶ける	ネライストキシン系殺虫剤

(44) 次の記述の（①）～（③）にあてはまる字句として、正しい組合せはどれか。

S －メチル－ N －［(メチルカルバモイル) －オキシ］－チオアセトイミデート（別名：メトミル）は（①）で、毒物及び劇物取締法において（②）％を超えて含有する製剤は毒物、（②）％以下を含有する製剤は劇物である。最も適切な廃棄方法は（③）である。

	①	②	③
1	淡黄色の粘 稠 液体	15	アルカリ法
2	淡黄色の粘 稠 液体	45	焙焼法
3	白色の結晶固体	15	焙焼法
4	白色の結晶固体	45	アルカリ法

(45) 次の記述の（①）～（③）にあてはまる字句として、正しい組合せはどれか。

2 －ジフェニルアセチル－1，3－インダンジオン（ダイファシノンとも呼ばれる。）は（①）で、毒物及び劇物取締法において（②）％を超えて含有する製剤は毒物、（②）％以下を含有する製剤は劇物である。農薬としての用途は（③）である。

	①	②	③
1	黄色の結晶性粉末	0.005	殺鼠剤
2	無色透明の液体	0.005	除草剤
3	無色透明の液体	0.001	殺鼠剤
4	黄色の結晶性粉末	0.001	除草剤

（特定品目）

問8　次は、*p*ーキシレンの安全データシートの一部である。
(36)～(40)の問いに答えなさい。

安全データシート

作 成 日　令和 2 年 10 月 18 日
氏　　　名　株式会社　　　A　社
住　　　所　東京都新宿区西新宿 2-8-1
電話番号　03 － 5321 － 1111

【製品名】　　　*p*ーキシレン
【組成及び成分情報】
　　化学名　　　　　　：*p*ーキシレン
　　化学式（示性式）　：　　　①
　　CAS 番号　　　　 ：106-42-3
【取扱い及び保管上の注意】
　　　　　②
【物理的及び化学的性質】
　　外観等　：無色透明の液体
　　臭い　　：　　③
　　溶解性：水に　　④

【安定性及び反応性】
　　　　　⑤
【廃棄上の注意】
　　　　　⑥

---

(36)　　　①　　　にあてはまる化学式はどれか。

1　$C_6H_4(CH_3)_2$　　　 2　$C_2H_5COCH_3$　　　 3　$CH_3COOC_2H_5$　　　 4　$CHCl_3$

(37)　　　②　　　にあてはまる「取扱い及び保管上の注意」の正誤について、正しい組合せはどれか。

a　蒸気は空気と混合して爆発性混合ガスとなるので、
　火気は絶対に近づけない。
b　ガラスを激しく腐食するので、ガラス容器を避け
　て保管する。
c　皮膚に付いたり、蒸気を吸入しないように適切な
　保護具を着用する。

	a	b	c
1	正	正	正
2	誤	正	正
3	正	誤	誤
4	正	誤	正

(38) ③ 、 ④ にあてはまる「物理的及び化学的性質」として、正しい組合せはどれか。

	③	④
1	特有の芳香	ほとんど溶けない
2	特有の芳香	極めて溶けやすい
3	無臭	ほとんど溶けない
4	無臭	極めて溶けやすい

(39) ⑤ にあてはまる「安定性及び反応性」として、正しいものはどれか。

1 加熱すると分解して、有害な窒素酸化物ガスを発生する。
2 加熱すると分解して、有害なホスゲンガスを発生する。
3 加熱すると分解して、有害な硫黄酸化物ガスを発生する。
4 加熱すると分解して、有害な一酸化炭素ガスや二酸化炭素ガスを発生する。

(40) ⑥ にあてはまる「廃棄上の注意」として、最も適切なものはどれか。

1 水酸化ナトリウム水溶液等と加温して加水分解する。
2 焼却炉の火室へ噴霧し焼却する。
3 水に加えて希薄な水溶液とし、希塩酸で中和させた後、多量の水で希釈して処理する。
4 多量の次亜塩素酸ナトリウム水溶液を用いて酸化分解する。

問9 次の(41)～(45)の問いに答えなさい。
(41) 次の記述の(①)～(③)にあてはまる字句として、正しい組合せはどれか。

> 四塩化炭素は、(① ）の無色の（ ② ）で、水に（ ③ ）。

	①	②	③
1	可燃性	固体	ほとんど溶けない
2	可燃性	液体	極めて溶けやすい
3	不燃性	液体	ほとんど溶けない
4	不燃性	固体	極めて溶けやすい

(42) 次の記述の(①)～(③)にあてはまる字句として、正しい組合せはどれか。

> 水酸化ナトリウムは、（ ① ）白色の固体で、その水溶液は（ ② ）に変える。空気中の（ ③ ）を吸収して炭酸ナトリウムを生じる。

	①	②	③
1	無臭の	青色リトマス紙を赤色	二酸化窒素
2	刺激臭のある	青色リトマス紙を赤色	二酸化炭素
3	刺激臭のある	赤色リトマス紙を青色	二酸化窒素
4	無臭の	赤色リトマス紙を青色	二酸化炭素

(43) 次の記述の（ ① ）～（ ③ ）にあてはまる字句として、正しい組合せはどれか。

> ホルムアルデヒドは、（ ① ）無色の（ ② ）である。ホルムアルデヒドを（ ③ ）％を超えて含有する製剤は、毒物及び劇物取締法により劇物に指定されている。

	①	②	③
1	刺激臭を有する	気体	1
2	刺激臭を有する	液体	0.5
3	無臭で	気体	0.5
4	無臭で	液体	1

(44) 次の記述の（ ① ）～（ ③ ）にあてはまる字句として、正しい組合せはどれか。

> トルエンは、（ ① ）に指定されており、蒸気は空気より（ ② ）。（ ③ ）として用いられる。

	①	②	③
1	毒物	重い	消火剤
2	劇物	重い	塗料の溶剤
3	劇物	軽い	消火剤
4	毒物	軽い	塗料の溶剤

(45) 次の記述の（ ① ）～（ ③ ）にあてはまる字句として、正しい組合せはどれか。

> 硫酸は、（ ① ）の液体である。（ ② ）の酸であり、水に混ぜると（ ③ ）する。

	①	②	③
1	不燃性	2価	発熱
2	不燃性	1価	吸熱
3	可燃性	1価	発熱
4	可燃性	2価	吸熱

東京都
令和３年度実施

〔筆　記〕
（一般・農業用品目・特定品目共通）

問1　次は、毒物及び劇物取締法の条文の一部である。　(1) 〜 (5) にあてはまる字句として、正しいものはどれか。

（目的）
第１条
　　この法律は、毒物及び劇物について、　(1) 上の見地から必要な取締を行うことを目的とする。

（定義）
第２条第２項
　　この法律で「劇物」とは、別表第二に掲げる物であつて、　(2) 及び医薬部外品以外のものをいう。

（禁止規定）
第３条第３項
　　毒物又は劇物の販売業の登録を受けた者でなければ、毒物又は劇物を販売し、授与し、又は販売若しくは授与の目的で貯蔵し、運搬し、若しくは　(3) してはならない。（以下省略）

（禁止規定）
第３条の４
　　引火性、　(4) 又は爆発性のある毒物又は劇物であつて政令で定めるものは、業務その他正当な理由による場合を除いては、　(5) してはならない。

---

(1)	1	危機管理	2	労働安全	3	環境衛生	4	保健衛生
(2)	1	医薬品	2	指定薬物	3	化粧品	4	食品
(3)	1	広告	2	陳列	3	交付	4	研究
(4)	1	発煙性	2	揮発性	3	腐食性	4	発火性
(5)	1	所持	2	使用	3	輸入	4	販売

問2 次は、毒物及び劇物取締法、同法施行令及び同法施行規則に関する記述である。(6)〜(10)の問いに答えなさい。

(6) 毒物又は劇物の営業の登録に関する記述の正誤について、正しい組合せはどれか。

a 毒物又は劇物の販売業の登録は、6年ごとに更新を受けなければ、その効力を失う。
b 毒物又は劇物の輸入業の登録は、営業所ごとに受けなければならない。
c 薬剤師は、毒物劇物輸入業の営業所における毒物劇物取扱責任者になることができる。
d 毒物劇物一般販売業の登録を受けた者であっても、特定毒物研究者に特定毒物を販売することはできない。

	a	b	c	d
1	正	正	正	誤
2	正	誤	誤	正
3	誤	正	正	正
4	誤	正	誤	誤

(7) 毒物又は劇物の表示に関する記述の正誤について、正しい組合せはどれか。

a 劇物を業務上取り扱う者は、劇物を貯蔵する場所に、「医薬用外」の文字と「劇物」の文字を表示しなければならない。
b 法人たる毒物劇物輸入業者は、自ら輸入した劇物を販売するときは、その容器及び被包に法人の名称及び主たる事務所の所在地を表示しなければならない。

	a	b	c	d
1	正	正	正	正
2	正	正	誤	誤
3	正	誤	正	誤
4	誤	誤	誤	正

c 毒物劇物製造業者に、自ら製造した有機燐化合物を含有する製剤たる毒物を販売するときに、その容器及び被包に、厚生労働省令で定めるその解毒剤の名称を表示しなければ、その毒物を販売してはならない。
d 毒物劇物製造業者は、自ら製造した塩化水素を含有する製剤たる劇物(住宅用の洗浄剤で液体状のもの)を販売するときに、その容器及び被包に、使用の際、手足や皮膚、特に眼にかからないように注意しなければならない旨を表示しなければならない。

(8) 法第3条の3において「興奮、幻覚又は麻酔の作用を有する毒物又は劇物(これらを含有する物を含む。)であつて政令で定めるものは、みだりに摂取し、若しくは吸入し、又はこれらの目的で所持してはならない。」とされている。
次のa〜dのうち、この「政令で定めるもの」に該当するものはどれか。正しいものの組合せを選びなさい。

a クロロホルム　　　b 亜塩素酸ナトリウム
c トルエン　　　　　d メタノールを含有するシンナー

　　1 a、b　　　　　2 a、d　　　　　3 b、c　　　　　4 c、d

(9) 毒物劇物営業者又は毒物劇物業務上取扱者が、その取扱いに係る毒物又は劇物の事故の際に講じた措置に関する記述の正誤について、正しい組合せはどれか。

a 毒物劇物販売業者の店舗で劇物が盗難にあったため、直ちに、警察署に届け出た。
b 毒物劇物業務上取扱者の事業場内で毒物を紛失したが、保健衛生上の危害が生ずるおそれがない量であったため、その旨を警察署に届け出なかった。

	a	b	c
1	正	正	正
2	正	誤	正
3	正	誤	誤
4	誤	正	誤

c 毒物劇物輸入業者の営業所内で保管していた容器から劇物が流れ出てしまい、多数の近隣住民に保健衛生上の危害が生ずるおそれがあったため、直ちに、その旨を保健所、警察署及び消防機関に届け出るとともに、保健衛生上の危害を防止するために必要な応急の措置を講じた。

(10) 次の a ～ d のうち、法第 22 条に基づく毒物劇物業務上取扱者として、届出が必要なものはどれか。正しいものの組合せを選びなさい。

    a 燐化アルミニウムとその分解促進剤とを含有する製剤を使用して、コンテナ内のねずみ、昆虫等の駆除を行う事業

    b 亜砒酸を使用して、しろありの防除を行う事業

    c シアン化ナトリウムを使用して、金属熱処理を行う事業

    d モノフルオール酢酸アミドを含有する製剤を使用して、かんきつ類、りんご、なし、桃又はかきの害虫の防除を行う事業

    1 a、b   2 a、d   3 b、c   4 c、d

問3   次は、毒物又は劇物の取扱い等に関する記述である。毒物及び劇物取締法、同法施行令及び同法施行規則の規定に照らし、(11)～(15)の問いに答えなさい。

(11) 毒物劇物取扱責任者に関する記述の正誤について、正しい組合せはどれか。

    a 毒物劇物営業者は、毒物劇物取扱責任者を変更するときは、事前に届け出なければならない。

    b 毒物劇物営業者が毒物又は劇物の製造業及び輸入業を併せ営む場合において、その製造所と営業所が互いに隣接しているときは、毒物劇物取扱責任者は2つの施設を通じて1人で足りる。

    c 18 歳未満の者は、毒物劇物輸入業の業務に1年以上従事した者であっても、毒物劇物輸入業の営業所において毒物劇物取扱責任者となることができない。

    d 特定品目毒物劇物取扱者試験に合格した者は、特定品目のみを取り扱う製造業の毒物劇物取扱責任者になることができる。

	a	b	c	d
1	正	正	正	正
2	正	誤	正	誤
3	誤	正	正	誤
4	誤	誤	誤	正

(12) 毒物劇物営業者が毒物又は劇物を販売する際の行為に関する記述の正誤について、正しい組合せはどれか。

    a 販売した日から3年が経過したため、譲受人から提出を受けた、法で定められた事項を記載した書面を廃棄した。

    b 譲受人の年齢を身分証明書で確認したところ、16 歳であったので、劇物を交付した。

    c 毒物を法人たる毒物劇物営業者に販売した際、その都度、毒物の名称及び数量、販売した年月日、譲受人の名称及び主たる事務所の所在地を書面に記載した。

	a	b	c
1	正	正	正
2	正	誤	誤
3	誤	正	正
4	誤	誤	正

(13) 塩化水素 20 ％を含有する製剤で液体状のものを、車両1台を使用して、1回につき 5000 キログラム以上運搬する場合の運搬方法に関する記述の正誤について、正しい組合せはどれか。

a　1人の運転者による運転時間が1日当たり9時間を超えるので、交替して運転する者を同乗させた。
b　車両に、法で定められた保護具を3人分備えた。
c　車両に、運搬する劇物の名称、成分及びその含量並びに事故の際に講じなければならない応急の措置の内容を記載した書面を備えた。
d　運搬する車両の前後の見やすい箇所に、0.3メートル平方の板に地を白色、文字を赤色として「劇」と表示した標識を掲げた。

	a	b	c	d
1	正	正	正	正
2	正	正	正	誤
3	正	誤	誤	正
4	誤	誤	正	誤

(14) 毒物劇物営業者における毒物又は劇物を取り扱う設備に関する記述の正誤について、正しい組合せはどれか。

a　製造所において、毒物を貯蔵する場所が性質上かぎをかけることができないものであるときは、その周囲に堅固なさくを設けなければならない。
b　販売業の店舗において、劇物を陳列する場所を常時毒物劇物取扱責任者が直接監視することが可能な場合は、その場所にかぎをかける設備を設ける必要はない。
c　輸入業の営業所において、毒物又は劇物を貯蔵する場所には、毒物又は劇物を含有する粉じん、蒸気又は廃水の処理に要する整備又は器具を備え付けなければならない。
d　製造所の製造作業を行なう場所は、コンクリート、板張り又はこれに準ずる構造とする等その外に毒物又は劇物が飛散し漏れ、しみ出若しくは流れ出、又は地下にしみ込むおそれのない構造でなければならない。

	a	b	c	d
1	正	正	正	誤
2	正	誤	誤	正
3	正	誤	正	正
4	誤	正	誤	正

(15) 特定毒物の取扱いに関する記述について、正しいものはどれか。

1　特定毒物研究者が、特定毒物を学術研究以外の用途で使用した。
2　特定毒物研究者は、研究で使用する特定毒物の品目に変更が生じた場合、変更後 30 日以内に、その旨を届け出なければならない。
3　特定毒物研究者が、特定毒物使用者に対し、その者が使用することができる特定毒物以外の特定毒物を譲渡した。
4　毒物劇物製造業者であっても、特定毒物使用者の指定を受けていない場合は、特定毒物を使用して毒物を製造することはできない。

問4　次は、毒物劇物営業者又は毒物劇物業務上取扱者である「A」〜「D」の4者に関する記述である。毒物及び劇物取締法、同法施行令及び同法施行規則の規定に照らし、(16)〜(20)の問いに答えなさい。

ただし、「A」、「B」、「C」、「D」は、それぞれ別人又は別法人であるものとする。

「A」：毒物劇物輸入業者

　　　硝酸を輸入できる登録のみを受けている事業者である。

「B」：毒物劇物製造業者

　　　30％硝酸水溶液を製造できる登録のみを受けている事業者である。

「C」：毒物劇物一般販売業者

　　　毒物及び劇物を販売できる登録のみを受けている事業者である。

「D」：毒物劇物業務上取扱者

　　　研究所において、硝酸及び30％硝酸水溶液を学術研究のために使用している事業者である。硝酸及び硝酸を含有する製剤以外の毒物及び劇物は扱っておらず、毒物及び劇物取締法に基づく登録・許可はいずれも受けていない。

---

(16)　「A」、「B」、「C」、「D」における販売等に関する記述の正誤について、正しい組合せはどれか。

a　「A」は、自ら輸入した硝酸を「B」に販売することができる。

b　「B」は、自ら製造した 30 ％硝酸水溶液を「C」に販売することができる。

c　「A」は、自ら輸入した硝酸を「D」に販売することができる。

d　「C」は、30 ％硝酸水溶液を「D」に販売することができる。

	a	b	c	d
1	正	正	正	正
2	正	正	誤	正
3	誤	正	誤	誤
4	誤	誤	正	正

(17)　「A」は、登録を受けている営業所において、新たに 70 ％硝酸水溶液を輸入することになった。「A」が行わなければならない手続として、正しいものはどれか。

1　原体である硝酸の輸入の登録を受けているため、法的手続は要しない。

2　70 ％硝酸水溶液を輸入した後、直ちに輸入品目の登録の変更を受けなければならない。

3　70 ％硝酸水溶液を輸入した後、30 日以内に輸入品目の登録の変更を届け出なければならない。

4　70 ％硝酸水溶液を輸入する前に、輸入品目の登録の変更を受けなければならない。

(18)　「Ｂ」は、個人で 30 ％硝酸水溶液の製造を行う毒物劇物製造業の登録を受け
　　ているが、今回「株式会社Ｘ」という法人を設立し、「株式会社Ｘ」として 30 ％
　　硝酸水溶液の製造を行うこととなった。この場合に必要な手続に関する記述につ
　　いて、正しいものはどれか。

　　1　「株式会社Ｘ」は、「Ｂ」の毒物劇物製造業の登録更新時に、氏名の変更届を
　　　提出しなければならない。
　　2　「株式会社Ｘ」は、法人設立後に氏名の変更届を提出しなければならない。
　　3　「Ｂ」は、「株式会社Ｘ」の法人設立前に、氏名の変更届を提出しなければ
　　　ならない。
　　4　「株式会社Ｘ」は、30 ％硝酸水溶液を製造する前に、新たに毒物劇物製造
　　　業の登録を受けなければならない。

(19)　「Ｃ」は、東京都渋谷区にある店舗において毒物劇物一般販売業の登録を受け
　　ているが、この店舗を廃止し、東京都豊島区に新たに設ける店舗に移転して、引
　　き続き毒物劇物一般販売業を営む予定である。この場合に必要な手続に関する記
　　述の正誤について、正しい組合せはどれか。

　　a　豊島区内の店舗へ移転した後、30 日以内に登録票の書換え交付を申請しな
　　　ければならない。
　　b　渋谷区内の店舗を廃止した後、30 日以内に
　　　廃止届を提出しなければならない。
　　c　豊島区内の店舗で業務を始める前に、店舗
　　　所在地の変更届を提出しなければならない。
　　d　豊島区内の店舗で業務を始める前に、新た
　　　に豊島区内の店舗で毒物劇物一般販売業の登
　　　録を受けなければならない。

	a	b	c	d
1	正	正	誤	正
2	正	正	正	誤
3	誤	正	誤	正
4	誤	誤	誤	誤

(20)　「Ｄ」に関する記述の正誤について、正しい組合せはどれか。

　　a　硝酸及び 30 ％硝酸水溶液が研究所の外に飛散、流出することを防ぐために
　　　必要な措置を講じなければならない。
　　b　研究所閉鎖時には、毒物劇物業務上取扱者
　　　の廃止届を提出しなければならない。
　　c　飲食物の容器として通常使用される物を、
　　　30 ％硝酸水溶液の保管容器として使用した。
　　d　研究所内で、30 ％硝酸水溶液を使用する
　　　ために自ら小分けする容器には、「医薬用外」
　　　の文字及び白地に赤字をもって「劇物」の文
　　　字を表示した。

	a	b	c	d
1	正	正	正	誤
2	正	正	誤	正
3	正	誤	誤	正
4	誤	誤	誤	誤

問5 次の(21)〜(25)の問いに答えなさい。

(21) 酸及び塩基に関する記述の正誤について、正しい組合せはどれか。

a　ブレンステッド・ローリーの定義による酸とは、水素イオンH^+を相手に与える物質である。

b　1価の塩基を弱塩基といい、2価以上の塩基を強塩基という。

c　水溶液が中性を示すとき、水溶液中に水素イオンH^+は存在しない。

	a	b	c
1	正	正	誤
2	正	誤	誤
3	誤	正	誤
4	誤	誤	正

(22) 0.050mol/L の塩酸 20mL と 0.010mol/L の水酸化ナトリウム水溶液 40mL を混合させたときの水溶液の pH として、正しいものはどれか。

ただし、塩酸及び水酸化ナトリウム水溶液は完全に電離しているものとし、水溶液の温度は 25℃とする。また、25℃における水のイオン積は $[H^+][OH^-] = 1.0 \times 10^{-14} (mol/L)^2$ とする。また、25℃における水のイオン積は $[H^+][OH^-] = 1.0 \times 10^{-14} (mol/L)^2$ とする。

1　pH2.0　　2　pH4.0　　3　pH10　　4　pH12

(23) 濃度不明の酢酸水溶液 10mL を、0.10mol/L の水酸化ナトリウム水溶液を用いて、中和滴定を行った。

この実験で用いる指示薬と滴定前後における溶液の色の変化との組合せとして、正しいものはどれか。

	用いる指示薬	滴定前後における溶液の色の変化
1	メチルオレンジ	黄色から赤色
2	メチルオレンジ	赤色から無色
3	フェノールフタレイン	無色から赤色
4	フェノールフタレイン	赤色から黄色

(24) 次の化合物のうち、塩基性塩はどれか。

1　NaH_2PO_4　　2　NH_4Cl　　3　$MgCl(OH)$　　4　$CuSO_4$

(25) 1.0mol/L の水酸化カルシウム水溶液 20mL を過不足なく中和するのに必要な 2.0mol/L の塩酸の量(mL)として、正しいものはどれか。

1　10mL　　2　20mL　　3　30mL　　4　40mL

問6 次の(26)～(30)の問いに答えなさい。

(26) 硫酸酸性下で過マンガン酸カリウム水溶液と過酸化水素水溶液を反応させた時の化学式として、正しいものはどれか。

ただし、過マンガン酸カリウムの化学式は $KMnO_4$、過酸化水素の化学式は H_2O_2 であり、MnO_4^- と H_2O_2 は、次のように働く。

$$MnO_4^- \quad + \quad 8H^+ \quad + \quad 5e^- \quad \rightarrow \quad Mn^{2+} \quad + \quad 4H_2O$$
$$H_2O_2 \quad \rightarrow \quad O_2 \quad + \quad 2H^+ \quad + \quad 2e^-$$

1 　$2KMnO_4 \ + \ 5H_2O_2$
　　　　$\rightarrow \ 2Mn \ + \ 2KOH \ + \ 6O_2 \ + \ 4H_2O$

2 　$2KMnO_4 \ + \ H_2O_2$
　　　　$\rightarrow \ 2Mn \ + \ 2KOH \ + \ 4O_2$

3 　$4KMnO_4 \ + \ 2H_2O_2 \ + \ 6H_2SO_4$
　　　　$\rightarrow \ 4MnSO_4 \ + \ 2K_2SO_4 \ + \ 6O_2 \ + \ 8H_2O$

4 　$2KMnO_4 \ + \ 5H_2O_2 \ + 3H_2SO_4$
　　　　$\rightarrow \ 2MnSO_4 \ + \ K_2SO_4 \ + \ 5O_2 \ + \ 8H_2O$

(27) 容積 10L の容器の内部を真空にして、水 5.4g を注入後、容器内の温度を 60 ℃に保ったとき、容器の中に液体として存在する水の質量として、最も近いものはどれか。

ただし、60 ℃における飽和水蒸気圧は 2.0×10^4Pa、原子量は H=1、O=16、気体定数は、8.3×10^3[Pa·L/(K·mol)]とし、絶対温度 T(K)とセ氏温度(セルシウス温度)t(℃)の関係は、$T=t + 273$ とする。

1 　1.3g 　　　2 　2.8g 　　　3 　4.1g 　　　4 　5.4g

(28) 次の3つの熱化学方程式を用いて、メタン(CH_4)1.0 mol を完全燃焼させたときの燃焼熱(kJ)を計算したとき、正しいものはどれか。

ただし、(固)は固体、(液)は液体、(気)は気体の状態を示す。

① 　$2H_2$(気) 　+ 　O_2(気) 　= 　$2H_2O$(液) 　+ 　572kJ
② 　C(固) 　　 + 　O_2(気) 　= 　CO_2(気) 　+ 　394kJ
③ 　C(固) 　　 + 　$2H_2$(気) 　= 　CH_4(気) 　+ 　75kJ

1 　253kJ 　　2 　755kJ 　　3 　891kJ 　　4 　1041kJ

(29) 硝酸カリウム 96g を、80 ℃を保った水 150g に全量溶かし、水溶液を得た。この水溶液をゆっくり冷却していくと結晶が析出し始めた。このときの水溶液の温度に最も近いものはどれか。

ただし、硝酸カリウムの水に対する溶解度(水 100g に溶ける g 数)は表のとおりとする。

温度(℃)	0	20	40	60	80
溶解度 (水 100g に溶ける g 数)	13.3	31.6	63.9	109	169

1 　30 ℃ 　　　2 　40 ℃ 　　　3 　50 ℃ 　　　4 　60 ℃

(30)　白金電極を用いて硫酸銅(Ⅱ)水溶液を 2.50A の電流で 1 時間 4 分 20 秒間電気分解したとき、析出する銅の質量(g) として、最も近いものはどれか。
　　　ただし、原子量は、Cu=63.5 とし、ファラデー定数は、9.65×10^4C/mol とする。

　　1　1.59g　　　2　3.18g　　　3　6.35g　　　4　12.7g

問 7　次の(31)〜(35)の問いに答えなさい。

(31)　物質とその構成粒子間の結合の種類との組合せとして、正しいものはどれか。

	物質	結合の種類
1	ダイヤモンド ———————	金属結合
2	フッ素 ———————	配合結合
3	ヨウ化カリウム ———————	イオン結合
4	ナトリウム ———————	共有結合

(32)　元素の周期表に関する記述の正誤について、正しい組合せはどれか。

a　水素以外の 1 族元素は、アルカリ金属と呼ばれ、1 価の陽イオンになりやすい。
b　タリウムは 3 族の元素であり、遷移元素に分類される。
c　フッ素、ヨウ素などの 17 族元素は、ハロゲンと呼ばれる。
d　18 族の元素は貴ガス(希ガス)と呼ばれており、化学的に安定である。

	a	b	c	d
1	正	正	誤	正
2	正	誤	正	正
3	誤	正	正	誤
4	誤	正	正	正

(33)　次の記述の(①)〜(④)にあてはまる字句として、正しい組合せはどれか。

> 鉛蓄電池は、負極に(①)を、正極に(②)を用いて、電解液である(③)に浸した電池である。放電をすると、負極では(④)反応が起きている。

	①	②	③	④
1	Pb	PbO_2	希硫酸	酸化
2	PbO_2	Pb	希塩酸	酸化
3	Pb	PbO_2	希塩酸	還元
4	PbO_2	Pb	希硫酸	還元

(34)　次の元素とその炎色反応の色との組合せの正誤について、正しい組合せはどれか。

	元素	炎色反応の色
1	バリウム ———————	黄緑
2	ナトリウム ———————	緑
3	ストロンチウム ———————	青緑
4	カリウム ———————	赤紫

	a	b	c	d
1	正	正	誤	誤
2	誤	正	誤	正
3	正	誤	誤	正
4	正	誤	正	正

(35) アニリン、酢酸フェニル、サリチル酸、フェノールを溶解させたクロロホルム
溶液について、以下の分離操作を行った。(①)及び(②)にあてはまる化合物
名として、正しい組合せはどれか。
　　ただし、溶液中には上記化合物以外の物質は含まれていないものとする。

> 分液漏斗に、このクロロホルム溶液を入れ、塩酸を加えて振り混ぜ、静置すると、
> 水層には(①)の塩が分離される。水層を除き、残ったクロロホルム層に、さら
> に水酸化ナトリウム水溶液を加えて振り混ぜ、静置する。その後、クロロホルム
> 層を除き、水層を回収する。回収した水層に二酸化炭素を通じ、クロロホルムを
> 加えて振り混ぜ、静置すると、クロロホルム層に(②)が得られる。

	①	②
1	アニリン	サリチル酸
2	フェノール	アニリン
3	アニリン	フェノール
4	酢酸フェニル	サリチル酸

（一般・農業用品目共通）

問8　次は、1，1'－ジメチル－4，4'－ジピリジニウムジクロリド(パラコート
とも呼ばれる。)に関する記述である。
　　(36)～(40)の問いに答えなさい。

> 　1，1'－ジメチル－4，4'－ジピリジニウムジクロリド(パラコートと
> も呼ばれる。)は(①)。化学式は(②)である。毒物及び劇物取締法により(
> ③)に指定されている。農薬としての用途は(④)であり、最も適切な廃棄方
> 法は(⑤)である。

(36) （ ① ）にあてはまるものはどれか。

1　無色又は白色の結晶で水によく溶ける
2　暗赤色の針状結晶で潮解性がある
3　褐色の液体で水に溶けない
4　不揮発性の無色透明の液体で水に溶けない

(37) （ ② ）にあてはまるものはどれか。

1

2
$$\left[H_3C-N^+ \bigcirc\!\!\!\!\!\bigcirc N^+ -CH_3 \right] \cdot 2Cl^-$$

3

4

(38) （ ③ ）にあてはまるものはどれか。

    1   毒物
    2   5％を超えて含有するものは毒物、5％以下を含有するものは劇物
    3   劇物
    4   5％以下を含有するものを除き、劇物

(39) （ ④ ）にあてはまるものはどれか。

    1 殺鼠剤（そ）   2 殺虫剤   3 植物成長調整剤   4 除草剤

(40) （ ⑤ ）にあてはまるものはどれか。

    1 燃焼法   2 沈殿法   3 中和法   4 回収法

（一般）

問9　次の(41)～(45)の問いに答えなさい。

(41) モノフルオール酢酸ナトリウムに関する記述の正誤について、正しい組合せはどれか。

a 劇物に指定されている。
b 白色の粉末である。
c 野ねずみの駆除に使用される。

	a	b	c
1	正	正	誤
2	正	誤	正
3	誤	正	正
4	誤	誤	正

(42) アンモニアに関する記述の正誤について、正しい組合せはどれか。

a 最も適切な廃棄方法は燃焼法である。
b アンモニア 10％以下を含有するものを除き、劇物に指定されている。
c ブロモチモールブルー(BTB)を黄色に変色する。

	a	b	c
1	正	正	正
2	正	誤	誤
3	誤	誤	正
4	誤	正	誤

(43) アニリンに関する記述の正誤について、正しい組合せはどれか。

a 中毒症状として、チアノーゼを引き起こすことがある。
b 無臭、白色の結晶である。
c エタノールに溶けやすい。

	a	b	c
1	正	正	正
2	正	誤	正
3	誤	誤	正
4	誤	正	誤

(44) ヘプタン酸に関する記述の正誤について、正しい組合せはどれか。

a 化学式は $C_5H_{10}O_2$ である。
b ヘプタン酸 11％以下を含有するものを除き、劇物に指定されている。
c 黄色の柱状の結晶である。

	a	b	c
1	正	正	正
2	正	誤	誤
3	誤	誤	正
4	誤	正	誤

(45) シアン化カリウムに関する記述の正誤について、正しい組合せはどれか。

a 水溶液は酸性を示す。
b 酸と接触すると、有毒なシアン化水素を生成する。
c 電気めっきに用いられる。

	a	b	c
1	正	正	誤
2	誤	正	誤
3	正	誤	正
4	誤	正	正

問 10 次の(46)〜(50)の問いに答えなさい。

(46) 次の記述の（①）〜（③）にあてはまる字句として、正しい組合せはどれか。

> 砒素は、水に（①）物質で、化学式は（②）である。解毒剤として
> （③）が用いられる。

	①	②	③
1	不溶な	As	ジメルカプロール(BAL とも呼ばれる。)
2	不溶な	Se	チオ硫酸ナトリウム
3	極めて溶けやすい	Se	ジメルカプロール(BAL とも呼ばれる。)
4	極めて溶けやすい	As	チオ硫酸ナトリウム

(47) 次の記述の（①）〜（③）にあてはまる字句として、正しい組合せはどれか。

> 一酸化鉛は、毒物及び劇物取締法により（①）に指定されており、（②）
> として用いられている。一酸化鉛を希硝酸に溶かすと無色の液となり、これ
> に硫化水素を通すと（③）の沈殿を生成する。

	①	②	③
1	毒物	顔料	白色
2	劇物	殺鼠剤	白色
3	毒物	殺鼠剤	黒色
4	劇物	顔料	黒色

(48) 次の記述の（①）〜（③）にあてはまる字句として、正しい組合せはどれか。

> 三塩化硼素は、刺激臭のある（①）である。毒物及び劇物取締法により
> （②）に指定されており、水と反応して硼酸と（③）を生成する。

	①	②	③
1	固体	毒物	酸素
2	固体	劇物	塩化水素
3	気体	毒物	塩化水素
4	気体	劇物	酸素

(49)　次の記述の（①）～（③）にあてはまる字句として、正しい組合せはどれか。

> ３－アミノ－１－プロペン(アリルアミンとも呼ばれる。)は、無色又は淡黄色の（①）である。化学式は（②）であり、（③）として用いられる。

	①	②	③
1	気体	C_3H_6O	染料固着剤
2	気体	C_3H_7N	メチル化剤
3	液体	C_3H_6O	メチル化剤
4	液体	C_3H_7N	染料固着剤

(50)　次の記述の（①）～（③）にあてはまる字句として、正しい組合せはどれか。

> 硫酸銅(Ⅱ)五水和物は、（①）の結晶である。（②）があり、その水溶液は（③）する。

	①	②	③
1	青色	風解性	青いリトマス紙を赤く
2	青色	潮解性	赤いリトマス紙を青く
3	白色	潮解性	青いリトマス紙を赤く
4	白色	風解性	赤いリトマス紙を青く

（農業用品目）

問9　次の(41)～(45)の問に答えなさい。

(41)　次の記述の（①）～（③）にあてはまる字句として、正しい組合せはどれか。

> ジメチル－(N －メチルカルバミルメチル)‐ジチオホスフェイトは主に（①）として用いられており、別名は（②）である。毒物及び劇物取締法により（③）に指定されている。

	①	②	③
1	除草剤	ジチアノン	劇物
2	殺虫剤	ジチアノン	毒物
3	除草剤	ジメトエート	毒物
4	殺虫剤	ジメトエート	劇物

(42)　次の記述の（①）～（③）にあてはまる字句として、正しい組合せはどれか。

1，1’－イミノジ(オクタメチレン)ジグアニジン(別名:イミノクタジン)の三酢酸塩は（①）で、これを含有する製剤は、毒物及び劇物取締法により（②）に指定されている。ただし、1，1’－イミノジ(オクタメチレン)ジグアニジンとして3.5%以下を含有するものは（②）から除かれている。農薬としての主な用途は（③）である。

	①	②	③
1	褐色液体	劇物	殺鼠剤
2	褐色液体	毒物	殺菌剤
3	白色粉末	劇物	殺菌剤
4	白色粉末	毒物	殺鼠剤

(43)　次の記述の（①）～（③）にあてはまる字句として、正しい組合せはどれか。

2－クロルエチルトリメチルアンモニウムクロリド(クロルメコートとも呼ばれる。)は（①）であり、水に（②）。農薬としての主な用途は（③）である。

	①	②	③
1	白色又は淡黄色の固体	よく溶ける	植物成長調整剤
2	白色又は淡黄色の固体	ほとんど溶けない	呼吸阻害作用のある殺虫剤
3	黄褐色の粘稠性液体	ほとんど溶けない	植物成長調整剤
4	黄褐色の粘稠性液体	よく溶ける	呼吸阻害作用のある殺虫剤

(44)　次の記述の（①）～（③）にあてはまる字句として、正しい組合せはどれか。

2，2－ジメチル－2，3－ジヒドロ－1－ベンゾフラン－7－イル=N－[N－(2-エトキシカルボニルエチル)－N－イソプロピルスルフェナモイル]－N－メチルカルバマート(別名:ベンフラカルブ)は、（①）%以下を含有するものを除き、劇物に指定されている。（②）で（③）の殺虫剤の成分である。

	①	②	③
1	3	無色から黄褐色の液体	有機燐系
2	3	灰白色の結晶	カーバメート系
3	6	無色から黄褐色の液体	カーバメート系
4	6	灰白色の結晶	有機燐系

(45)　次の記述の（①）～（③）にあてはまる字句として、正しい組合せはどれか。

ジメチルジチオホスホリルフェニル酢酸エチル(PAP、フェントエートとも呼ばれる。)は、毒物及び劇物取締法により劇物に指定されている。ただし、ジメチルジチオホスホリルフェニル酢酸エチルとして（①）%以下を含有するものは劇物から除かれている。農薬としての主な用途は（②）であり、最も適切な廃棄方法は（③）である。

	①	②	③
1	3	殺虫剤	燃焼法
2	3	除草剤	中和法
3	6	殺虫剤	中和法
4	6	除草剤	燃焼法

（特定品目）

問8　次は、メチルエチルケトンの安全データシートの一部である。
　　　(36)～(40)の問いに答えなさい。

```
　　　　　　　　　　　　安全データシート

　　　　　　　　　　　　作　成　日　令和 3 年 7 月 11 日
　　　　　　　　　　　　氏　　　名　株式会社　　A　社
　　　　　　　　　　　　住　　　所　東京都新宿区西新宿 2-8-1
　　　　　　　　　　　　電話番号　03 － 5321 － 1111

　　【製品名】　　　　メチルエチルケトン
　　【組成及び成分情報】
　　　　　化学名　　　　：メチルエチルケトン
　　　　　別名　　　　　：2－ブタノン
　　　　　化学式(示性式)　：　　①
　　　　　CAS 番号　　　：78-93- 3
　　【取扱い及び保管上の注意】
　　　　　　②
　　【物理的及び化学的性質】
　　　　外観等　：　　③

　　　　臭い　　：特異臭がある
　　　　溶解性：水に　　④

　　【安定性及び反応性】
　　　　　　⑤
　　【廃棄上の注意】
　　　　　　⑥
```

(36)　　①　　にあてはまる化学式はどれか。

　　1　CH_3OH　　　　2　$CH_3COOC_2H_5$　　3　$CHCl_3$　　　　　4　$CH_3COC_2H_5$

(37)　　②　　にあてはまる「取扱い及び保管上の注意」の正誤について、正しい組合せはどれか。

a　容器は密栓して冷暗所に保管する。
b　強酸化性物質との接触を避ける。
c　引火しやすいので、火気には絶対に近づけない。

	a	b	c
1	正	正	正
2	正	誤	誤
3	誤	正	誤
4	誤	誤	正

(38) 　③　　、　④　　にあてはまる「物理的及び化学的性質」として、正しい組合せはどれか。

	③	④
1	橙赤色の固体である	溶けやすい
2	橙赤色の固体である	溶けにくい
3	無色の液体である	溶けやすい
4	無色の液体である	溶けにくい

(39) 　⑤　　にあてはまる「安定性及び反応性」として、正しいものはどれか。

1 蒸気は空気と混合して爆発性の混合ガスを生じる。
2 加熱分解により、硫黄酸化物ガスを発生する。
3 加熱分解により、塩化水素ガスを発生する。
4 光によって分解して黒変する。

(40) 　⑥　　にあてはまる「廃棄上の注意」として、最も適切なものはどれか。

1 炭酸ナトリウムを加えて焙焼し、水又はアルカリ水溶液で抽出した後、化合物として回収する。
2 水を加えて希薄な水溶液とし、希塩酸で中和させた後、多量の水で希釈して処理する。
3 多量の水を加え希薄な水溶液とした後、次亜塩素酸塩水溶液を加え分解させ廃棄する。
4 硅(けい)そう土等に吸収させて開放型の焼却炉で焼却する。

問9 次の(41)～(45)の問いに答えなさい。

(41) 次の記述の(①)～(③)にあてはまる字句として、正しい組合せはどれか。

> メタノールは無色透明の液体であり、水に(①)。あらかじめ熱灼(しゃく)した酸化銅を加えると、(②)ができ、酸化銅は(③)されて金属銅色を呈する。

	①	②	③
1	溶けにくい	ホルムアルデヒド	酸化
2	溶けにくい	アセトアルデヒド	還元
3	溶けやすい	ホルムアルデヒド	還元
4	溶けやすい	アセトアルデヒド	酸化

(42) 次の記述の(①)～(③)にあてはまる字句として、正しい組合せはどれか。

> アンモニアは、刺激臭のある(①)の気体で、空気より(②)。工業的製法として、ハーバー・ボッシュ法があり、反応時の窒素と水素のモル比は(③)である。

	①	②	③
1	無色	重い	1：1
2	無色	軽い	1：3
3	黄緑色	軽い	1：1
4	黄緑色	重い	1：3

(43) 次の記述の（①）～（③）にあてはまる字句として、正しい組合せはどれか。

硅弗化ナトリウムは、（①）の固体で、加熱分解により（②）を発生することがある。最も適切な廃棄方法は（③）である。

	①	②	③
1	白色	四弗化硅素	分解沈殿法
2	白色	ホスゲン	活性汚泥法
3	黄色	四弗化硅素	活性汚泥法
4	黄色	ホスゲン	分解沈殿法

(44) 次の記述の（①）～（③）にあてはまる字句として、正しい組合せはどれか。

クロム酸ストロンチウムは、（①）で、（②）に用いる。水に（③）。

	①	②	③
1	淡黄色の粉末	さび止め	溶けにくい
2	淡黄色の粉末	漂白	極めて溶けやすい
3	無色の液体	さび止め	極めて溶けやすい
4	無色の液体	漂白	溶けにくい

(45) 次の記述の（①）～（③）にあてはまる字句として、正しい組合せはどれか。

クロロホルムは、（①）液体で、（②）である。空気と日光によって変質することがあるため、少量の（③）を加えて分解を防止する。

	①	②	③
1	無臭の	可燃性	アルコール
2	無臭の	不燃性	塩酸
3	特異臭がある	可燃性	塩酸
4	特異臭がある	不燃性	アルコール

〔筆　記〕
（一般・農業用品目・特定品目共通）

問1　次は、毒物及び劇物取締法の条文の一部である。 (1) ～ (5) にあてはまる字句として、正しいものはどれか。

（目的）
第1条
　　この法律は、毒物及び劇物について、保健衛生上の見地から必要な (1) を行うことを目的とする。

（定義）
第2条第1項
　　この法律で「毒物」とは、別表第一に掲げる物であつて、 医薬品及び (2) 以外のものをいう。

（禁止規定）
第3条第2項
　　毒物又は劇物の (3) 業の登録を受けた者でなければ、毒物又は劇物を販売又は授与の目的で (3) してはならない。

（禁止規定）
第3条の3
　　 (4) 、幻覚又は麻酔の作用を有する毒物又は劇物（これらを含有する物を含む。）であつて政令で定めるものは、みだりに摂取し、若しくは吸入し、又はこれらの目的で (5) してはならない。

---

(1)	1	管理	2	取締	3	監視	4	指導
(2)	1	医薬部外品	2	危険物	3	医療機器	4	食品
(3)	1	卸売販売	2	製造販売	3	貸与	4	輸入
(4)	1	酩酊	2	鎮静	3	興奮	4	錯乱
(5)	1	所持	2	製造	3	貯蔵	4	販売

問2　次は、毒物及び劇物取締法、同法施行令及び同法施行規則に関する記述である。(6)～(10)の問いに答えなさい。

(6) 毒物又は劇物の営業の登録に関する記述の正誤について、正しい組合せはどれか。

a　毒物又は劇物の輸入業の登録を受けようとする者は、その営業所の所在地の都道府県知事に申請書を出さなければならない。
b　毒物又は劇物の販売業の登録は、一般販売業、農業用品目販売業及び特定品目販売業に分けられる。
c　毒物又は劇物の販売業の登録は、3年ごとに更新を受けなければ、その効力を失う。
d　毒物又は劇物の製造業の登録は、製造所ごとに受けなければならない。

	a	b	c	d
1	正	正	正	誤
2	正	正	誤	正
3	正	誤	正	正
4	誤	誤	正	誤

(7) 毒物又は劇物の表示に関する記述の正誤について、正しい組合せはどれか。

a　毒物劇物営業者は、毒物の容器及び被包に、「医薬用外」の文字及び黒地に白色をもって「毒物」の文字を表示しなければならない。
b　毒物劇物営業者は、劇物の容器及び被包に、その劇物の成分及びその含量を表示しなければ、劇物を販売してはならない。
c　特定毒物研究者は、取り扱う特定毒物を貯蔵する場所に、「医薬用外」の文字及び「毒物」の文字を表示しなければならない。
d　毒物劇物営業者は、毒物たる有機燐化合物の容器及び被包に、厚生労働省令で定めるその解毒剤の名称を表示しなければ、その毒物を販売してはならない。

	a	b	c	d
1	正	誤	誤	正
2	誤	正	正	正
3	正	正	正	誤
4	誤	正	誤	正

(8) 法第3条の4において「引火性、発火性又は爆発性のある毒物又は劇物であつて政令で定めるものは、業務その他正当な理由による場合を除いては、所持してはならない。」とされている。
　次の a ～ d のうち、この「政令で定めるもの」に該当するものはどれか。正しいものの組合せを選びなさい。

a　ナトリウム　　　b　メタノール　　c　アジ化ナトリウム　　　d　ピクリン酸

1 a、c　　　　　　　2 a、d　　　　　　3 b、c　　　　　4 c、d

(9) 毒物劇物取扱責任者に関する記述の正誤について、正しい組合せはどれか。

a　毒物劇物営業者が毒物又は劇物の輸入業及び販売業を併せ営む場合において、その営業所と店舗が互いに隣接しているときは、毒物劇物取扱責任者は2つの施設を通じて1人で足りる。
b　毒物劇物営業者は、毒物劇物取扱責任者を変更するときは、事前に届け出なければならない。
c　薬剤師は、毒物劇物特定品目販売業の店舗における毒物劇物取扱責任者になることができない。
d　農業用品目毒物劇物取扱者試験に合格した者は、農業用品目のみを取り扱う毒物劇物製造業の製造所において毒物劇物取扱責任者となることができる。

	a	b	c	d
1	正	誤	誤	誤
2	正	正	正	誤
3	誤	正	誤	正
4	誤	誤	正	誤

(10) 次の a ～ d のうち、法第 22 条に基づく毒物劇物業務上取扱者として、届出が必要なものはどれか。正しいものの組合せを選びなさい。

    a ジメチル－２，２－ジクロルビニルホスフエイト（別名：DDVP）を使用して、しろありの防除を行う事業
    b 四アルキル鉛を含有する製剤を使用して、石油の精製を行う事業
    c シアン化カリウムを使用して、電気めつきを行う事業
    d シアン化ナトリウムを使用して、金属熱処理を行う事業

    1 a、b   2 a、d   3 b、c   4 c、d

問3   次は、毒物又は劇物の取扱い等に関する記述である。毒物及び劇物取締法、同法施行令及び同法施行規則の規定に照らし、(11)～(15)の問いに答えなさい。

(11) 毒物劇物営業者が、その取扱いに係る毒物又は劇物の事故の際に講じた措置に関する記述の正誤について、正しい組合せはどれか。

    a 毒物劇物輸入業者の営業所内で保管していた劇物が盗難にあったが、保健衛生上の危害が生ずるおそれがない量であったので、警察署に届け出なかった。
    b 毒物劇物販売業者が取り扱う毒物が盗難にあったが、特定毒物ではなかったため、警察署に届け出なかった。
    c 毒物劇物製造業者の製造所において毒物が飛散し、周辺住民の多数の者に保健衛生上の危害が生ずるおそれがあったため、直ちに、その旨を保健所、警察署及び消防機関に届け出るとともに、保健衛生上の危害を防止するために必要な応急の措置を講じた。
    d 毒物劇物販売業者の店舗で劇物を紛失したため、少量ではあったが、直ちに、その旨を警察署に届け出た。

	a	b	c	d
1	正	誤	正	誤
2	正	正	誤	正
3	誤	誤	正	正
4	誤	誤	誤	正

(12) 毒物劇物営業者が劇物を販売する際の行為に関する記述の正誤について、正しい組合せはどれか。

    a 販売先が毒物劇物営業者の登録を受けている法人であったため、劇物の名称及び数量、販売年月日、譲受人の名称及び主たる事務所の所在地を書面に記載しなかった。
    b 交付を受ける者の年齢を身分証明書で確認したところ、16 歳であったので、劇物を交付した。
    c 毒物劇物営業者以外の個人に劇物を販売した翌日に、法令で定められた事項を記載した書面の提出を受けた。
    d 譲受人から提出を受けた、法令で定められた事項を記載した書面を、販売した日から５年間保存した後に廃棄した。

	a	b	c	d
1	正	誤	正	誤
2	誤	正	正	誤
3	誤	誤	誤	正
4	誤	誤	正	正

(13) 毒物劇物営業者における毒物又は劇物を取り扱う設備等に関する記述の正誤について、正しい組合せはどれか。

a 劇物の製造業者が、製造作業を行なう場所に劇物を含有する粉じん、蒸気及び廃水の処理に要する設備を備えた。
b 毒物の販売業者が、毒物を貯蔵する設備として、毒物とその他の物とを区分して貯蔵できるものを設けた。
c 毒物劇物取扱責任者によって、劇物を陳列する場所を常時直接監視することが可能であるので、その場所にかぎをかける設備を設けなかった。
d 毒物の製造業者が、毒物が製造所の外に飛散し、漏れ、流れ出、若しくはしみ出、又は製造所の地下にしみ込むことを防ぐのに必要な措置を講じた。

	a	b	c	d
1	正	正	正	誤
2	正	誤	正	誤
3	正	正	誤	正
4	誤	誤	正	正

(14) 荷送人が、運送人に 2000 キログラムの毒物の運搬を委託する場合の、令第 40 条の 6 の規定に基づく荷送人の通知義務に関する記述の正誤について、正しい組合せはどれか。

a 通知する書面には、毒物の名称、成分及び含量並びに数量並びに事故の際に講じなければならない応急の措置の内容を記載した。
b 車両ではなく、鉄道による運搬であったため、通知しなかった。
c 車両による運送距離が 50 キロメートル以内であったので、通知しなかった。
d 運送人の承諾を得たため、書面の交付に代えて、口頭で通知した。

	a	b	c	d
1	正	正	正	正
2	正	誤	誤	誤
3	正	正	誤	誤
4	誤	誤	誤	正

(15) 行政上の処分及び立入検査等に関する記述の正誤について、正しい組合せはどれか。 ただし、都道府県知事とあるのは、毒物劇物販売業の店舗の所在地が保健所を設置する市又は特別区の区域にある場合においては、市長又は区長とする。

a 都道府県知事は、毒物劇物製造業者の有する設備が厚生労働省令で定める基準に適合しなくなったと認めたため、期間を定めて、その設備を当該基準に適合させるために必要な措置をとることを命じた。
b 都道府県知事は、毒物劇物輸入業の毒物劇物取扱責任者について、その者が毒物劇物取扱責任者として不適当であると認めたため、その毒物劇物輸入業者に対して、その変更を命じた。
c 都道府県知事は、毒物劇物製造業者が、劇物をそのまま土の中に埋めて廃棄したことにより、地下水を汚染させ、近隣の住民に保健衛生上の危害が生ずるおそれがあると認めたため、当該廃棄物の回収及び毒性の除去を命じた。
d 都道府県知事は、保健衛生上必要があると認めたため、毒物劇物監視員に、毒物劇物販売業者の帳簿を検査させた。

	a	b	c	d
1	正	正	正	正
2	正	正	誤	誤
3	正	誤	誤	正
4	誤	正	正	正

問4　次は、毒物劇物営業者、特定毒物研究者又は毒物劇物業務上取扱者である「A」
　　　～「D」の４者に関する記述である。毒物及び劇物取締法、同法施行令及び同法
　　　施行規則の規定に照らし、(16) ～ (20) の問いに答えなさい。
　　　　ただし、「A」、「B」、「C」、「D」は、それぞれ別人又は別法人であるものとする。

「A」：毒物劇物輸入業者
　　　　硫酸を輸入できる登録のみを受けている事業者である。
「B」：毒物劇物一般販売業者
　　　　毒物及び劇物を販売できる登録のみを受けている事業者である。
「C」：特定毒物研究者
　　　　特定毒物であるジエチルパラニトロフエニルチオホスフエイトを用いた学
　　　術研究を行うために特定毒物研究者の許可のみを受けている研究者である。
「D」：毒物劇物業務上取扱者
　　　　研究所において、硫酸及び水酸化ナトリウムを学術研究のために使用して
　　　いる事業者である。ただし、毒物及び劇物取締法に基づく登録・許可はいず
　　　れも受けていない。

---

(16)　「A」、「B」、「C」、「D」における販売等に関する記述の正誤について、正しい
　　　組合せはどれか。

a　「A」は、自ら輸入した硫酸を「B」に販売
　　することができる。
b　「A」は、自ら輸入した硫酸を「D」に販売
　　することができる。
c　「B」は、特定毒物であるジエチルパラニト
　　ロフエニルチオホスフエイトを「C」に販売
　　することができる。
d　「C」は、特定毒物であるジエチルパラニトロフエニルチオホスフエイトを
　　「D」に販売することができる。

	a	b	c	d
1	正	誤	正	誤
2	正	誤	誤	正
3	正	正	正	誤
4	誤	正	誤	誤

(17)　「A」は、登録を受けている営業所において、新たに硫酸 20 ％を含有する製
　　　剤を輸入し、「B」に販売することになった。そのために必要な手続として正し
　　　いものはどれか。

　1　硫酸 20 ％を含有する製剤の輸入を行った後、30 日以内に品目を変更した
　　　旨の変更届を提出しなければならない。
　2　原体である硫酸の輸入の登録を受けているため、法的手続は要しない。
　3　硫酸 20 ％を含有する製剤の輸入を行う前に、輸入品目の登録の変更を受け
　　　なければならない。
　4　改めて毒物劇物輸入業の登録を受けなければならない。

(18)　「A」は、個人で硫酸の輸入を行う毒物劇物輸入業の登録を受けているが、今回新たに設立した「株式会社X」という法人に事業譲渡を行い、「株式会社X」として硫酸の輸入を行うこととなった。この場合に必要な手続に関する記述について、正しいものはどれか。

　　　ただし、「株式会社X」は、毒物及び劇物取締法に基づく登録・許可はいずれも受けていない。

　1　「A」は、「株式会社X」への事業譲渡前に、氏名の変更届を提出しなければならない。
　2　「株式会社X」は、硫酸を輸入する前に、新たに毒物劇物輸入業の登録を受けなければならない。
　3　「株式会社X」は、「A」の毒物劇物輸入業の登録更新時に、氏名の変更届を提出しなければならない。
　4　「株式会社X」は、事業譲渡後に氏名の変更届を提出しなければならない。

(19)　「B」は、東京都千代田区にある店舗において毒物劇物一般販売業の登録を受けている。この店舗を廃止し、東京都文京区に新たに設ける店舗に移転して、引き続き毒物劇物一般販売業を営む予定である。この場合に必要な手続に関する記述の正誤について、正しい組合せはどれか。

　a　文京区の店舗で業務を始める前に、新たに文京区の店舗で毒物劇物一般販売業の登録を受けなければならない。
　b　文京区の店舗へ移転した後、30日以内に登録票の書換え交付を申請しなければならない。
　c　文京区の店舗へ移転した後、30日以内に店舗所在地の変更届を提出しなければならない。
　d　千代田区の店舗を廃止した後、30日以内に廃止届を提出しなければならない。

	a	b	c	d
1	正	正	正	正
2	正	誤	正	誤
3	誤	誤	正	正
4	正	誤	誤	正

(20)　「D」に関する記述の正誤について、正しい組合せはどれか。

　a　水酸化ナトリウムの貯蔵場所には、「医薬用外」の文字及び「劇物」の文字を表示しなければならない。
　b　水酸化ナトリウムの盗難防止のために必要な措置を講じなければならない。
　c　研究所内で、水酸化ナトリウムを使用するために自ら小分けする容器には、「医薬用外」の文字及び白地に赤色をもって「劇物」の文字を表示しなければならない。
　d　飲食物の容器として通常使用される物に、水酸化ナトリウムを保管した。

	a	b	c	d
1	正	正	正	誤
2	誤	誤	正	誤
3	正	正	誤	誤
4	誤	正	誤	正

問5　次の(21)〜(25)の問いに答えなさい。

(21)　酸及び塩基に関する記述の正誤について、正しい組合せはどれか。

a　水に塩基を溶かすと、水酸化物イオン濃度が減少し、水素イオン濃度が増加する。
b　水溶液中で溶質のほとんどが電離している塩基を、強塩基という。
c　温度が25℃で、水溶液がpH 7を示すとき、溶液中の水素イオンと水酸化物イオンの濃度は一致する。
d　温度が一定のとき、酢酸の電離度は濃度が大きくなるほど大きくなる。

	a	b	c	d
1	正	正	誤	正
2	誤	正	正	誤
3	誤	正	誤	誤
4	誤	誤	正	正

(22)　5.0 mol/L のアンモニア水溶液のpH として、正しいものはどれか。
　　　ただし、アンモニアの電離度は0.002、水溶液の温度は25℃とする。
　　　また、25℃における水のイオン積 $[H^+][OH^-] = 1.0 \times 10^{-14}(mol/L)^2$ とする。

　　　1　pH 9　　　2　pH10　　　3　pH11　　　4　pH12

(23)　pH 指示薬をpH 2及びpH12の無色透明の水溶液に加えたとき、各pH指示薬が呈する色の組合せの正誤について、正しい組合せはどれか。

加えたpH指示薬	pH 2のときの色	pH12のときの色
a　メチルオレンジ（MO）	黄色〜橙黄色	赤色
b　ブロモチモールブルー（BTB）	黄色	青色
c　フェノールフタレイン（PP）	無色	赤色

	a	b	c
1	正	正	正
2	正	誤	誤
3	誤	正	正
4	誤	誤	正

(24)　濃度不明の酢酸水溶液に0.1mol/Lの水酸化カリウム水溶液を滴下して、中和滴定を行う。
　　　以下の操作のうち、（　①　）〜（　③　）にあてはまる字句として、最もふさわしいものの組合せはどれか。

> 　濃度不明の酢酸水溶液を（　①　）を用いて（　②　）に正確に量り取る。（　②　）に指示薬を1〜2滴加え、（　③　）から 0.1mol/Lの水酸化カリウム水溶液を少しずつ滴下し攪拌する。指示薬が変色したら、滴下をやめ、（　③　）の目盛りを読む。

	①	②	③
1	ホールピペット	コニカルビーカー	ビュレット
2	ホールピペット	メスフラスコ	メスシリンダー
3	駒込ピペット	メスフラスコ	ビュレット
4	駒込ピペット	コニカルビーカー	メスシリンダー

(25)　塩化水素、臭化水素、弗化水素、沃化水素それぞれの0.1mol/L水溶液について、酸の強いものから並べた順番として、正しいものはどれか。

　　　1　弗化水素 ＞ 塩化水素 ＞ 臭化水素 ＞ 沃化水素
　　　2　沃化水素 ＞ 臭化水素 ＞ 塩化水素 ＞ 弗化水素
　　　3　塩化水素 ＞ 臭化水素 ＞ 沃化水素 ＞ 弗化水素
　　　4　塩化水素 ＞ 臭化水素 ＞ 弗化水素 ＞ 沃化水素

問6　次の(26)〜(30)の問いに答えなさい。

(26)　次の化学式の下線を引いた原子の酸化数として、正しい組合せはどれか。

	a	b	c
1	+8	+5	-2
2	+6	+6	-2
3	+8	+6	0
4	+6	+5	0

a　$\underline{S}O_4{}^{2-}$
b　H$\underline{N}O_3$
c　$\underline{H}_2$

(27)　体積 6.0L の容器に、ある気体 2.0mol を入れて 27 ℃に保ったとき、気体の圧力（Pa）として、正しいものはどれか。
　　なお、気体定数は 8.3×10^3 ［Pa・L /（K・mol）］ とし、絶対温度 T(K) とセ氏温度（セルシウス温度）t（℃）の関係は、$T = t + 273$ とする。

1　7.5×10^4 Pa　　　　2　8.3×10^4 Pa
3　8.3×10^5 Pa　　　　4　7.5×10^6 Pa

(28)　次の3つの熱化学方程式を用いて、エチレン C_2H_4 の生成熱を計算したとき、正しいものはどれか。
　　ただし、（気）は気体、（液）は液体、（固）は固体の状態を示す。

①　C（固）　＋　O_2（気）　＝　CO_2（気）　＋　394kJ
②　$2H_2$（気）　＋　O_2（気）　＝　$2H_2O$（液）　＋　572kJ
③　C_2H_4（気）＋　$3O_2$（気）＝ $2CO_2$（気）＋ $2H_2O$（液）＋　1411 kJ

1　− 51kJ　　2　− 102kJ　　3　51kJ　　4　102kJ

(29)　金属のイオン化傾向に関する記述の正誤について、正しい組合せはどれか。

a　金属の単体が水溶液中で陰イオンになろうとする性質を、金属のイオン化傾向という。
b　イオン化傾向の大きい金属は、電子を受け取りやすい。
c　イオン化傾向の大きい金属は、酸化されやすい。
d　イオン化傾向の大きいカルシウムＣａやナトリウムＮａは、常温の水と反応して水素を発生する。

	a	b	c	d
1	正	正	誤	正
2	誤	正	正	誤
3	誤	誤	正	正
4	誤	誤	誤	正

(30)　質量パーセント濃度 20 ％、密度 1.2g/mL の水酸化ナトリウム NaOH 水溶液がある。この水溶液のモル濃度（mol/L）として、正しいものはどれか。
　　ただし、原子量は、水素＝1、酸素＝16、ナトリウム＝23 とする。

1　4.0mol/L　　2　5.0mol/L　　3　6.0mol/L　　　4　7.0mol/

問7 次の(31)〜(35)の問いに答えなさい。

(31) 元素と原子に関する記述の正誤について、正しい組合せはどれか。

a 同じ元素の単体で、性質の異なるものを互いに異性体であるという。

b 原子番号が同じで質量数が異なる原子を互いに同位体という。

c 原子核から一番近い電子殻はK殻である。

	a	b	c
1	正	正	誤
2	誤	誤	正
3	誤	正	正
4	正	誤	正

(32) 次の化学の法則名とその説明との組合せの正誤について、正しい組合せはどれか。

	法則名	説明
a	アボガドロの法則	同温、同圧のもとで、同体積の気体は、その種類に関係なく、同数の分子を含む。
b	ファラデーの法則	電気分解では、変化する物質の量は流した電気量に比例する。
c	ボイルの法則	反応熱は、反応の経路によらず、反応の最初と最後の状態だけで決まる。
d	ヘスの法則	温度一定のとき、一定物質量の気体の体積は圧力に反比例する。

	a	b	c	d
1	正	正	誤	誤
2	誤	正	誤	正
3	正	誤	誤	誤
4	正	誤	正	正

(33) 次の分子のうち、極性分子はどれか。

1 N_2 2 H_2O 3 CO_2 4 CCl_4

(34) 1，3－ジクロロプロペンの化学式として、正しいものはどれか。

1
```
     Cl
     |
HC = C = CH
         |
         Cl
```

2
```
        Cl
        |
H2C - CH2 - CH2
              |
              Cl
```

3
```
     Cl
     |
H2C - CH = CH
          |
          Cl
```

4
```
      Cl
      |
H2C - C ≡ C - Cl
```

(35)　カドミウムイオン Cd^{2+}、鉄（Ⅲ）イオン Fe^{3+}、鉛イオン Pb^{2+} を含む混合溶液について以下の操作を行った。（　①　）、（　②　）にあてはまる字句として、正しい組合せはどれか。
　　　　ただし、混合溶液中には上記のイオン以外は含まれていないものとする。

> 　この混合溶液に希塩酸（塩化水素水溶液）を十分に加えたところ、白色の沈殿を生じた。この沈殿物の化学式は、（　①　）である。これを濾過し、沈殿物と濾液を完全に分けた。
> 　さらに、この濾液に硫化水素を通じたところ、黄色の沈殿物を生じた。この沈殿物の化学式は、（　②　）である。

	①	②
1	FeCl₃	PbS
2	FeCl₃	CdS
3	PbCl₂	FeS
4	PbCl₂	CdS

（一般・農業用品目共通）

問8　次は、クロルピクリンに関する記述である。
　　　(36)～(40)の問いに答えなさい。

> 　クロルピクリンは（　①　）であり、これを含有する製剤は、毒物及び劇物取締法により（　②　）に指定されている。化学式は（　③　）で、農薬としての用途は（　④　）であり、最も適切な廃棄方法は（　⑤　）である。

(36)　（　①　）にあてはまるものはどれか。

　　　1　刺激臭のある固体
　　　2　刺激臭のある液体
　　　3　無臭の固体
　　　4　無臭の液体

(37)　（　②　）にあてはまるものはどれか。

　　　1　毒物
　　　2　劇物
　　　3　3％を超えて含有するものは毒物、3％以下を含有するものは劇物
　　　4　3％以下を含有するものを除き、劇物

(38) （　③　）にあてはまるものはどれか。

1
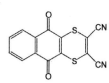

2
H₃C—O—P(=O)—O—C(CH₃)=CH—C(=O)—NH—CH₃ (with H₃C—O)

3
CCl₃NO₂

4
H₃C—O—P(=S)—S—CH₂—C(=O)—NH—CH₃ (with H₃C—O)

(39) （　④　）にあてはまるものはどれか。
　　1　殺鼠(そ)剤　　2　有機燐(りん)系殺虫剤　　3　植物成長調整剤　　4　土壌燻(くん)蒸剤

(40) （　⑤　）にあてはまるものはどれか。
　　1　回収法　　2　中和法　　3　沈殿法　　4　分解法

（一般）

問9　次の(41)～(45)の問いに答えなさい。

(41)　カリウムに関する記述の正誤について、正しい組合せはどれか。
　　a　金属光沢をもつ銀白色の軟らかい固体である。
　　b　水と激しく反応して、水酸化カリウムと水素を生成する。
　　c　炎色反応を見るとその色は黄色である。

	a	b	c
1	正	正	誤
2	誤	正	正
3	誤	誤	誤
4	正	誤	正

(42)　硫酸タリウムに関する記述の正誤について、正しい組合せはどれか。
　　a　水にやや溶け、熱湯には溶けやすい。
　　b　毒物に指定されている。
　　c　化学式は CH_3COOTl である。

	a	b	c
1	正	正	誤
2	正	誤	誤
3	誤	誤	正
4	誤	正	誤

(43)　ヒドラジンに関する記述の正誤について、正しい組合せはどれか。
　　a　無色の油状液体である。
　　b　還元作用がある。
　　c　化学式は H_2NCN である。

	a	b	c
1	正	誤	正
2	正	正	誤
3	誤	誤	誤
4	誤	正	正

(44) 塩化チオニルに関する記述の正誤について、正しい組合せはどれか。

a 刺激性のある無色又は橙黄色の液体である。
b 化学式は $PbCl_2$ である。
c 水と激しく反応して分解する。

	a	b	c
1	正	正	誤
2	正	誤	正
3	誤	誤	正
4	正	誤	誤

(45) 臭素に関する記述の正誤について、正しい組合せはどれか。

a 淡青色の粉末である。
b 濃塩酸に触れると激しく発熱する。
c 腐食性がある。

	a	b	c
1	正	正	誤
2	誤	正	正
3	正	誤	正
4	誤	誤	誤

問10 次の(46)～(50)の問いに答えなさい。

(46) 次の記述の（①）～（③）にあてはまる字句として、正しい組合せはどれか。

> ヒドロキシルアミンの化学式は（①）で（②）作用を有する。毒物及び劇物取締法により（③）に指定されている。

	①	②	③
1	$(CH_3)_2NH$	還元	毒物
2	$(CH_3)_2NH$	酸化	劇物
3	NH_2OH	還元	劇物
4	NH_2OH	酸化	毒物

(47) 次の記述の（①）～（③）にあてはまる字句として、正しい組合せはどれか。

> ニッケルカルボニルは、（①）の（②）である。毒物及び劇物取締法により（③）に指定されている。

	①	②	③
1	発火性	無色の揮発性液体	毒物
2	発火性	白色の粉末	劇物
3	不燃性	白色の粉末	毒物
4	不燃性	無色の揮発性液体	劇物

(48) 次の記述の（①）～（③）にあてはまる字句として、正しい組合せはどれか。

ぎ酸は、（①）で、（②）として用いられる。化学式は（③）である。

	①	②	③
1	橙赤色の結晶	脱水剤	HCOOH
2	無色の刺激臭のある液体	脱水剤	$CH_3COOC_2H_5$
3	橙赤色の結晶	皮なめし助剤	$CH_3COOC_2H_5$
4	無色の刺激臭のある液体	皮なめし助剤	HCOOH

(49) 次の記述の（①）～（③）にあてはまる字句として、正しい組合せはどれか。

アニリンは、無色又は淡黄色の（①）で、官能基として（②）を有する化合物である。毒物及び劇物取締法により（③）に指定されている。

	①	②	③
1	固体	ニトロ基	劇物
2	固体	アミノ基	毒物
3	液体	ニトロ基	毒物
4	液体	アミノ基	劇物

(50) 次の記述の（①）～（③）にあてはまる字句として、正しい組合せはどれか。

ヘキサン酸は、（①）で、化学式は（②）である。ヘキサン酸を（③）%を超えて含有する製剤は、毒物及び劇物取締法により劇物に指定されている。

	①	②	③
1	特徴的な臭気のある無色、油状の液体	$C_2H_2O_4$	6
2	特徴的な臭気のある無色、油状の液体	$C_6H_{12}O_2$	11
3	無臭の白色の固体	$C_6H_{12}O_2$	6
4	無臭の白色の固体	$C_2H_2O_4$	11

（農業用品目）

問9　次の(41)〜(45)の問に答えなさい。

(41)　次の記述の(①)〜(③)にあてはまる字句として、正しい組合せはどれか。

> 　1，1'ージメチルー4，4'ージピリジニウムジクロリド(パラコートとも呼ばれる。)は(①)である。農薬としての主な用途は(②)であり、毒物及び劇物取締法により(③)に指定されている。

	①	②	③
1	無色又は白色の結晶	殺虫剤	劇物
2	無色又は白色の結晶	除草剤	毒物
3	赤褐色油状の液体	殺虫剤	毒物
4	赤褐色油状の液体	除草剤	劇物

(42)　次の記述の(①)〜(③)にあてはまる字句として、正しい組合せはどれか。

> 　2，2'ージピリジリウムー1，1'ーエチレンジブロミド(ジクワットとも呼ばれる。)は(①)で、2，2'ージピリジリウムー1，1'ーエチレンジブロミドのみを有効成分として含有する製剤は、毒物及び劇物取締法により(②)に指定されている。最も適切な廃棄方法は(③)である。

	①	②	③
1	淡黄色の結晶	劇物	燃焼法
2	淡黄色の結晶	毒物	沈殿法
3	暗褐色の液体	劇物	沈殿法
4	暗褐色の液体	毒物	燃焼法

(43)　次の記述の(①)〜(③)にあてはまる字句として、正しい組合せはどれか。

> 　2，3，5，6ーテトラフルオロー4ーメチルベンジル＝(Z)ー(1 RS，3 RS)ー3ー(2ークロロー3，3，3ートリフルオロー1ープロペニル)ー2，2ージメチルシクロプロパンカルボキシラート(別名：テフルトリン)は(①)で、水に(②)。農薬としての主な用途は(③)である。

	①	②	③
1	無色透明の液体	ほとんど溶けない	植物成長調整剤
2	無色透明の液体	よく溶ける	殺虫剤
3	白色又は淡褐色の固体	ほとんど溶けない	殺虫剤
4	白色又は淡褐色の固体	よく溶ける	植物成長調整剤

(44)　次の記述の（①）～（③）にあてはまる字句として、正しい組合せはどれか。

> ジエチル－（5－フェニル－3－イソキサゾリル）－チオホスフェイトは（　①　）の殺虫剤で、別名は（　②　）である。毒物及び劇物取締法により劇物に指定されている。ただし、ジエチル－（5－フェニル－3－イソキサゾリル）－チオホスフェイトとして（　③　）%以下を含有するものは劇物から除かれる。

	①	②	③
1	有機燐系	イソキサチオン	2
2	有機燐系	ベンフラカルブ	5
3	カーバメート系	イソキサチオン	5
4	カーバメート系	ベンフラカルブ	2

(45)　次の記述の（①）～（③）にあてはまる字句として、正しい組合せはどれか。

> N－メチル－1－ナフチルカルバメートは、カルバリル又は（　①　）とも呼ばれる。農薬としての主な用途は（　②　）で、最も適切な廃棄方法は（　③　）である。

	①	②	③
1	EPN	除草剤	燃焼法
2	EPN	殺虫剤	固化隔離法
3	NAC	除草剤	固化隔離法
4	NAC	殺虫剤	燃焼法

（特定品目）

問8 次は、クロロホルムの安全データシートの一部である。
(36)～(40)の問いに答えなさい。

安全データシート

作 成 日　令和 4 年 7 月 10 日
氏　　　名　株式会社　　Ａ　社
住　　　所　東京都新宿区西新宿 2-8-1
電話番号　03 － 5321 － 1111

【製品名】　　　クロロホルム
【組成及び成分情報】
　　　　化学名　　　　：クロロホルム
　　　　別名　　　　　：トリクロロメタン
　　　　化学式　　　　：[①]
　　　　CAS 番号　　　：67-66-3
【取扱い及び保管上の注意】
　　　　[②]
【物理的及び化学的性質】
　　　外 観 等：無色の[③]
　　　臭 い　：特異臭
　　　溶 解 性：水に[④]

【安定性及び反応性】
　　　　[⑤]
【廃棄上の注意】
　　　　[⑥]

---

(36) [①] にあてはまる化学式はどれか。

1 CH₃Cl　　　　2 CHCl₃　　　　3 CH₃COOC₂H₅　　　　4 CH₃OH

(37) [②] にあてはまる「取扱い及び保管上の注意」の正誤について、正しい組合せはどれか。

a 長期の保管を行う場合は強塩基を加えて分解を防止する。
b 引火しやすいので取扱いに注意する。
c 適切な保護具を着用し、屋外又は換気のよい場所でのみ使用する。

	a	b	c
1	正	正	正
2	正	誤	正
3	誤	正	誤
4	誤	誤	正

(38) [③] 、[④] にあてはまる「物理的及び化学的性質」として、正しい組合せはどれか。

	③	④
1	液体	溶けやすい
2	液体	溶けにくい
3	固体	溶けやすい
4	固体	溶けにくい

(39) ⑤ にあてはまる「安定性及び反応性」として、正しいものはどれか。

1 ガラス容器を激しく腐食する。
2 加熱分解により、硫化水素を発生する。
3 水と爆発的に反応して水酸化ナトリウムと水素を生成する。
4 安定剤としてアルコールを添加する。

(40) ⑥ にあてはまる「廃棄上の注意」として、最も適切なものはどれか。

1 徐々に石灰乳などの撹拌(かくはん)容器に加え中和させた後、多量の水で希釈して処理する。
2 蒸留して回収し、再利用する。
3 過剰の可燃性溶剤又は重油等の燃料と共に、アフターバーナー及びスクラバーを具備した焼却炉の火室へ噴霧してできるだけ高温で焼却する。
4 水を加えて希薄な水溶液とし、希塩酸で中和させた後、多量の水で希釈して処理する。

問9 次の(41)〜(45)の問いに答えなさい。
(41) 次の記述の(①)〜(③)にあてはまる字句として、正しい組合せはどれか。

メチルエチルケトンは、(①)液体で、水に(②)。(③)とも呼ばれる。

	①	②	③
1	芳香がある	溶けやすい	2－ブタノン
2	芳香がある	ほとんど溶けない	カルボール
3	無臭の	溶けやすい	カルボール
4	無臭の	ほとんど溶けない	2－ブタノン

(42) 次の記述の(①)〜(③)にあてはまる字句として、正しい組合せはどれか。

塩素は、(①)の気体で、(②)。空気より(③)。

	①	②	③
1	無色	刺激臭がある	軽い
2	無色	無臭である	重い
3	黄緑色	刺激臭がある	重い
4	黄緑色	無臭である	軽い

(43) 次の記述の(①)〜(③)にあてはまる字句として、正しい組合せはどれか。

一酸化鉛は、(①)の固体で、水に(②)。(③)とも呼ばれている。

	①	②	③
1	黄色から赤色	よく溶ける	鉛糖
2	黄色から赤色	ほとんど溶けない	リサージ
3	銀色から黒色	よく溶ける	リサージ
4	銀色から黒色	ほとんど溶けない	鉛糖

(44)　次の記述の（①）～（③）にあてはまる字句として、正しい組合せはどれか。

> 　四塩化炭素は、無色の（　①　）で、（　②　）である。加熱分解して有毒な（　③　）を発生する。

	①	②	③
1	固体	不燃性	二酸化窒素
2	固体	可燃性	ホスゲン
3	液体	不燃性	ホスゲン
4	液体	可燃性	二酸化窒素

(45)　次の記述の（①）～（③）にあてはまる字句として、正しい組合せはどれか。

> 　ホルムアルデヒドの化学式は（　①　）で、（　②　）無色の気体である。ホルムアルデヒドを（　③　）%を超えて含有する製剤は、毒物及び劇物取締法により劇物に指定されている。

	①	②	③
1	HCHO	刺激臭のある	1
2	HCHO	無臭で	0.1
3	HCOOH	刺激臭のある	0.1
4	HCOOH	無臭で	1

〔筆記・法規編〕について「毒物及び取締法改正」により本書使用する際の注意事項

　毒物及び劇物取締法〔法律〕が、平成 30(2018)年 6 月 30 日法律第 66 号「地域の自主性及び自立性を高めるための改革の推進を図るための関係法律の整備に関する法律」により改正がなされ、令和 2(2020)年 4 月 1 日より施行されました。この改正内容は、主に国から地方公共団体又は都道府県から中核市への事務・権限の委譲によるものです。

　これに伴い本書に収録されている過去問 5 年分の内〔平成 30 年～令和元年〕につきましては、出題されたままの収録となっております。その為、改正された法番号等を下表のように作成いたしました。

　本書をご使用する際には、改正法番号を読み替えてお使いください。何卒宜しくお願い申し上げます。

　なお、下表につきましては改正された法番号等のみ収録。予めご了承ください。

　改正内容の詳細等については、毒物及び劇物取締法を別途ご参照をお願いします。

毒物及び劇物取締法の一部を改正する法律　新旧対照表

改　正　前		現　　行
法第 4 条〔営業の登録〕		法第 4 条〔営業の登録〕
法第 4 条第 1 項～第 2 項	→	（略）
法第 4 条第 3 項	→	この改正により削られる。
法第 4 条第 4 項〔登録の更新〕	→	法第 4 条第 3 項〔登録の更新〕
法第 18 条	→	この改正により削られる。
法第 16 条の 2〔事故の際の措置〕	→	法第 17 条〔事故の際の措置〕
法第 17 条〔立入検査等〕	→	法第 18 条〔立入検査等〕
法第 17 条第 2 項	→	この改正により削られる。
法第 17 条第 3 項	→	法第 17 条第 2 項
法第 17 条第 4 項	→	法第 17 条第 3 項
法第 17 条第 5 項	→	法第 17 条第 4 項
法第 19 条〔登録の取消等〕		法第 19 条〔登録の取消等〕
法第 19 条第 5 項〔登録の取消等〕	→	この改正により削られる。
法第 19 条第 6 項	→	法第 19 条第 5 項
法第 23 条〔手数料〕	→	この改正により削られる。
法第 23 条の 2〔薬事・食品衛生審議会への諮問〕	→	法第 23 条〔薬事・食品衛生審議会への諮問〕
法第 23 条の 3〔都道府県が処理する事務〕	→	この改正により削られる。
法第 23 条の 4〔緊急時における厚生労働大臣の事務執行〕	→ →	法第 23 条の 2〔緊急時における厚生労働大臣の事務執行〕
法第 23 条の 5〔事務の区分〕	→	この改正により削られる。
法第 23 条の 6〔権限の委任〕	→	法第 23 条の 3〔権限の委任〕
法第 23 条の 7〔政令への委任〕	→	法第 23 条の 4〔政令への委任〕
法第 23 条の 8〔経過措置〕	→	法第 23 条の 5〔経過措置〕

問題編
〔実地〕

東京都
平成 30 年度実施

〔実　地〕

（一般）

問 11　次の(51)〜(55)の毒物又は劇物の性状等に関する記述のうち、正しいものはどれか。

(51)　ナトリウム
1　黄色から赤黄色の固体である。水にほとんど溶けない。
2　銀白色の固体である。水と激しく反応する。
3　青色の結晶である。風解性がある。
4　暗赤色の針状結晶である。強い酸化作用を有する。

(52)　塩素
1　無色又は白色の結晶性粉末である。マッチ、爆発物の製造に用いられる。
2　潮解性を有する無色の固体である。除草剤として用いられる。
3　暗赤色の結晶である。煙火用、媒染剤として用いられる。
4　黄緑色の気体である。漂白剤(さらし粉)の原料として用いられる。

(53)　エチレンオキシド
1　吸湿性のある無色の針状結晶である。化学式は NH_2OH である。
2　可燃性のある無色の気体である。化学式は $(CH_2)_2O$ である。
3　無色で特異な不快臭を有する液体である。化学式は $HSCH_2CH_2OH$ である。
4　特異臭のある無色又は白色の結晶である。化学式は C_6H_5OH である。

(54)　酸化カドミウム(Ⅱ)
1　赤褐色の粉末で、水に不溶である。安定剤の原料として用いられる。
2　白色の粉末で、水に溶けやすい。めっきに使用される。
3　無色の光沢のある結晶である。染料の原料として用いられる。
4　褐色の粘稠液体である。殺虫剤として用いられる。

(55)　臭素
1　魚臭様の臭いのある気体である。界面活性剤の原料として用いられる。
2　腐ったキャベツ様の悪臭のある引火性の気体である。殺虫剤として用いられる。
3　刺激臭のある赤褐色の液体である。アニリン染料の製造に用いられる。
4　無色の液体である。ポリウレタン繊維の製造原料に用いられる。

問 12　次の(56)〜(60)の毒物又は劇物の性状等に関する記述のうち、正しいものはどれか。

(56)　ニトロベンゼン
1　特異臭のある無色の気体である。特殊材料ガスとして用いられる。
2　無色又は微黄色の油状液体である。純アニリンの製造原料として用いられる。
3　橙赤色の結晶である。酸化剤として用いられる。
4　茶褐色の粉末である。電池の製造に用いられる。

(57)　2，2'－ジピリジリウム－1，1'－エチレンジブロミド(ジクワットとも呼ばれる。)

 1　無色の液体である。水酸化アルカリ又は熱無機酸で加水分解されて安息香酸になる。
 2　淡黄色の固体で、水に溶けやすい。中性又は酸性条件下では安定である。
 3　無色の気体で、腐った魚の臭いを有する。ハロゲンと激しく反応する。
 4　黄色から赤色の重い固体である。水に極めて溶けにくい。

(58)　臭化銀

 1　無色の気体である。半導体配線の原料として用いられる。
 2　金属光沢をもつ銀白色の軟らかい固体である。試薬として用いられる。
 3　引火性を有する無色の液体である。合成繊維の原料として用いられる。
 4　白色又は淡黄色の固体である。写真感光材料として用いられる。

(59)　シアナミド

 1　青色の結晶である。加熱分解して酸化硫黄を発生する。
 2　無色の気体である。水と接触すると弗化水素を発生する。
 3　黄橙色の粉末である。水にほとんど溶けない。
 4　無色又は白色の結晶である。水によく溶ける。

(60)　アニリン

 1　無色又は淡黄色の液体で、特有の臭気があり、空気に触れると赤褐色になる。化学式は $C_6H_5NH_2$ である。
 2　強アンモニア臭を有する気体で、水によく溶ける。化学式は $(CH_3)_2NH$ である。
 3　橙赤色の結晶で、水に溶けやすい。化学式は $(NH_4)_2Cr_2O_7$ である。
 4　無色又は白色の結晶で、水溶液はガラスを腐食する。化学式は NH_4HF_2 である。

問13　4つの容器に A ～ D の物質が入っている。それぞれの物質は、エピクロルヒドリン、塩基性炭酸銅、水素化砒素、沃素のいずれかであり、それぞれの性状等は次の表のとおりである。(61)～(65)の問に答えなさい。

物質	性　状　等
A	無色の液体である。クロロホルムに似た刺激臭がある。
B	黒灰色又は黒紫色で金属様の光沢がある結晶である。昇華性がある。
C	無色のニンニク臭を有する気体である。
D	緑色の結晶性粉末である。酸やアンモニアに溶ける。

(61)　A ～ D にあてはまる物質について、正しい組合せはどれか。

	A	B	C	D
1	エピクロルヒドリン	沃素	水素化砒素	塩基性炭酸銅
2	エピクロルヒドリン	塩基性炭酸銅	水素化砒素	沃素
3	水素化砒素	沃素	エピクロルヒドリン	塩基性炭酸銅
4	水素化砒素	塩基性炭酸銅	エピクロルヒドリン	沃素

(62)　物質 A の化学式として、正しいものはどれか。

 1　C_3H_5ClO　　　2　AsH_3　　　3　$POCl_3$　　　4　SbH_3

(63) 物質Bの別名又は性質等に関する記述について、正しいものはどれか。

    1　マラカイトとも呼ばれる。
    2　蒸気は多くの金属と反応し、それを腐食する。
    3　アルコール、エーテルにほとんど溶けない。
    4　無臭である。

(64) 物質Dの廃棄方法として、最も適切なものはどれか。

    1　希釈法　　　2　中和法　　　3　活性汚泥法　　　4　焙焼法

(65) 物質A～Dに関する毒物及び劇物取締法上の規制区分について、正しいものはどれか。

    1　物質Aは毒物、物質B、C、Dは劇物である。
    2　物質Bは毒物、物質A、C、Dは劇物である。
    3　物質Cは毒物、物質A、B、Dは劇物である。
    4　すべて劇物である。

問 14　あなたの店舗ではトルエンを取り扱っています。次の（66）～（70）の問に答えなさい。

(66) 「性状や規制区分について教えてください。」という質問を受けました。質問に対する回答の正誤について、正しい組合せはどれか。

a　無臭の液体です。
b　エタノールに溶けません。
c　劇物に指定されています。

	a	b	c
1	正	誤	正
2	正	誤	誤
3	誤	正	誤
4	誤	誤	正

(67) 「人体に対する影響や応急措置について教えてください。」という質問を受けました。質問に対する回答の正誤について、正しい組合せはどれか。

a　吸入すると、麻酔状態になることがあります。
b　皮膚に触れた場合、皮膚の炎症を起こすことがあります。
c　目に入った場合は、直ちに多量の水で十分に洗い流してください。

	a	b	c
1	正	正	正
2	正	正	誤
3	正	誤	正
4	誤	正	正

(68) 「取扱いの注意事項について教えてください。」という質問を受けました。質問に対する回答の正誤について、正しい組合せはどれか。

a　酸化剤と反応することがあるので、接触させないでください。
b　熱源や着火源から離れた通風のよい乾燥した場所に保管してください。
c　ガラスを腐食するので、プラスチック製の容器に保管してください。

	a	b	c
1	正	正	誤
2	正	誤	正
3	誤	正	正
4	誤	正	誤

(69)　「性質について教えてください。」という質問を受けました。質問に対する回答の正誤について、正しい組合せはどれか。

a　空気中の酸素によって一部が酸化されて、ぎ酸を生じます。
b　揮発した蒸気は空気より重いです。
c　ベンゼン、エーテルによく溶けます。

	a	b	c
1	正	正	正
2	正	誤	誤
3	誤	正	正
4	誤	誤	正

(70)　「廃棄方法について教えてください。」という質問を受けました。質問に対する回答として、最も適切なものはどれか。

1　水で希薄な水溶液とし、希塩酸で中和させた後、多量の水で希釈して処理します。
2　徐々に石灰乳等の攪拌溶液に加え中和させた後、多量の水で希釈して処理します。
3　珪そう土等に吸収させて開放型の焼却炉で少量ずつ燃焼します。
4　活性汚泥法で処理します。

問 15　4つの容器に A ～ D の物質が入っている。それぞれの物質は、塩素酸ナトリウム、ぎ酸、クロルピクリン、EPN のいずれかであり、それぞれの性状等は次の表のとおりである。(71)～(75)の問に答えなさい。

物質	性　状　等
A	無色から白色の結晶である。水に溶けやすい。
B	無色で刺激臭の液体である。水に溶けやすい。
C	催涙性を有する無色透明又は淡黄色の油状の液体である。水にほとんど溶けない。
D	白色又は淡黄色の結晶である。水にほとんど溶けないが、ベンゼンやトルエン等の有機溶剤に溶ける。

EPN：エチルパラニトロフェニルチオノベンゼンホスホネイト

(71)　A ～ D にあてはまる物質について、正しい組合せはどれか。

	A	B	C	D
1	EPN	クロルピクリン	ぎ酸	塩素酸ナトリウム
2	EPN	ぎ酸	クロルピクリン	塩素酸ナトリウム
3	塩素酸ナトリウム	ぎ酸	クロルピクリン	EPN
4	塩素酸ナトリウム	クロルピクリン	ぎ酸	EPN

(72)　物質 A を含有する製剤の主な用途として、正しいものはどれか。

1　植物成長調整剤　　2　除草剤　　3　殺鼠剤　　4　有機燐系殺虫剤

(73)　物質 B に関する記述の正誤について、正しい組合せはどれか。

a　毒物に指定されている。
b　吸入した場合、鼻、のど、気管支等の粘膜を刺激し、炎症を起こす。
c　皮なめし助剤として用いられる。

	a	b	c
1	正	正	正
2	正	正	誤
3	正	誤	正
4	誤	正	正

(74) 物質 C の化学式として、正しいものはどれか。

1

ClCH₂COCl

2

3

HCOOH

4

Cl₃CNO₂

(75) 物質 D の中毒時の解毒に用いられる物質として、正しいものはどれか。

1　亜硝酸アミル

2　チオ硫酸ナトリウム

3　ジメルカプロール（BAL とも呼ばれる。）

4　硫酸アトロピン

（農業用品目）

問 10　次の(46)～(50)の記述にあてはまる農薬の成分を次の「選択肢」からそれぞれ選びなさい。

(46)　0.6 ％以下を含有するものを除き、劇物に指定されている。10 ％含有の水和剤が市販されている。いちご及びぶどう等のハスモンヨトウ等に適用される呼吸阻害作用のある殺虫剤の成分である。

(47)　1 ％以下を含有するものを除き、劇物に指定されている。10 ％含有の水和剤、乳剤等が市販されている。かんきつのアブラムシ類、もものシンクイムシ類等の駆除に用いられるピレスロイド系殺虫剤の成分である。

(48)　劇物に指定されている。50 ％含有の粒剤、60 ％含有の水溶剤が市販されている。一年生及び多年生雑草に適用される非選択性の接触型除草剤の成分である。

(49)　2 ％以下を含有するものを除き、劇物に指定されている。20 ％含有の水溶剤、18 ％含有の液剤、15 ％含有のくん煙剤が市販されている。水溶剤及び液剤は、かんきつ、ばれいしょのアブラムシ類等に、くん煙剤はいちご及びピーマンのアブラムシ類等に適用されるネオニコチノイド系殺虫剤の成分である。

(50)　1 ％以下を含有し、黒色に着色され、かつ、トウガラシエキスを用いて著しくからく着味されているものを除き、劇物に指定されている。3 ％含有の粒剤が市販されている。野ねずみに適用される殺鼠剤の成分である。

【選択肢】

1　トランス－N－（6－クロロ－3－ピリジルメチル）－N'－シアノ－N－メチルアセトアミジン（別名：アセタミプリド）

2　燐化亜鉛

3　（RS）－シアノ－（3－フェノキシフェニル）メチル＝2，2，3，3－テトラメチルシクロプロパンカルボキシラート（別名：フェンプロパトリン）

4　4－ブロモ－2－（4－クロロフェニル）－1－エトキシメチル－5－トリフルオロメチルピロール－3－カルボニトリル（クロルフェナピルとも呼ばれる。）

5　塩素酸ナトリウム（クロル酸ソーダとも呼ばれる。）

問 11　4つの容器に A ～ D の物質が入っている。それぞれの物質は、農薬の成分の
オキサミル、クロルピクリン、クロルメコート、テフルトリンのいずれかであり、
それぞれの性状・性質及び用途は次の表のとおりである。(51)～(55)の間に答え
なさい。

物質	性状・性質	用途
A	白色の結晶である。アセトン、水に溶けやすい。	なす、きゅうりのアブラムシ類の殺虫剤として用いられる。
B	催涙性及び刺激臭のある無色又は微黄色の液体である。水にほとんど溶けない。	土壌くん蒸剤として用いられる。
C	白色又は淡褐色の固体である。水にほとんど溶けない。	キャベツ、はくさいのネキリムシ類の殺虫剤として用いられる。
D	白色又は淡黄色の固体である。エーテルに不溶で、水によく溶ける。	小麦の植物成長調整剤として用いられる。

オキサミル　　：メチル－N’, N’－ジメチル－N［(メチルカルバモイル)オキシ］－1－チオオキサムイミデート
クロルメコート：2－クロルエチルトリメチルアンモニウムクロリド
テフルトリン　：2, 3, 5, 6－テトラフルオロ－4－メチルベンジル＝(Z)－(1 RS, 3 RS)－3－(2－クロロ－3, 3, 3－トリフルオロ－1－プロペニル)－2, 2－ジメチルシクロプロパンカルボキシラート

(51)　A ～ D にあてはまる物質について、正しい組合せはどれか。

	A	B	C	D
1	オキサミル	クロルピクリン	テフルトリン	クロルメコート
2	オキサミル	テフルトリン	クロルピクリン	クロルメコート
3	クロルメコート	クロルピクリン	テフルトリン	オキサミル
4	クロルメコート	テフルトリン	クロルピクリン	オキサミル

(52)　物質 A の中毒時の解毒に用いられる物質として、正しいものはどれか。

1　硫酸アトロピン
2　メチレンブルー
3　ジメルカプロール(BAL とも呼ばれる。)
4　2－ピリジンアルドキシムメチオダイド(別名：PAM)

(53)　物質 B の廃棄方法として、最も適切なものはどれか。

1　チオ硫酸ナトリウムの水溶液に希硫酸を加えて酸性にし、この中に少量ずつ
投入する。反応終了後、反応液を中和し多量の水で希釈して処理する。
2　少量の界面活性剤を加えた亜硫酸ナトリウムと炭酸ナトリウムの混合溶液中
で、撹拌し分解させた後、多量の水で希釈して処理する。
3　木粉（おが屑）等に吸収させてアフターバーナー及びスクラバーを具備した
焼却炉で焼却する。
4　セメントを用いて固化し、溶出試験を行い、溶出量が判定基準以下であるこ
とを確認して埋立処分する。

(54) 物質 C の化学式として、正しいものはどれか。

1

$$Cl_3CNO_2$$

2

3

4

(55) 物質 D を含有する製剤の毒物及び劇物取締法上の規制区分について、正しいものはどれか。

1 毒物に指定されている。
2 毒物に指定されている。ただし、3％以下を含有するものは劇物に指定されている。
3 劇物に指定されている。
4 劇物に指定されている。ただし、3％以下を含有するものを除く。

問12 あなたの店舗では、2, 2'－ジピリジリウム－1, 1'－エチレンジブロミド(ジクワットとも呼ばれる。)のみを有効成分として含有する農薬を取り扱っています。(56)～(60)の問に答えなさい。

(56) この農薬の主な用途として、正しいものはどれか。

1 植物成長調整剤　　　2 殺鼠剤　　　3 殺虫剤　　　4 除草剤

(57) ジクワットの化学式として、正しいものはどれか。

1

2

3

4

(58)　ジクワットの性状及び性質として、正しいものはどれか。

　　1　暗赤色又は暗灰色の固体で、水に極めて溶けにくい。
　　2　無色から黄褐色の液体で、水にほとんど溶けない。
　　3　淡黄色の固体で、水に溶けやすい。
　　4　赤褐色の液体で、水に溶けやすい。

(59)　ジクワットの廃棄方法として、最も適切なものはどれか。

　　1　多量の水を加え希薄な水溶液とした後、次亜塩素酸塩水溶液を加え分解させ廃棄する。
　　2　木粉（おが屑）等に吸収させてアフターバーナー及びスクラバーを具備した焼却炉で焼却する。
　　3　水に溶かし、希硫酸を加えて中和し、沈殿ろ過して埋立処分する。
　　4　少量の界面活性剤を加えた亜硫酸ナトリウムと炭酸ナトリウムの混合溶液中で、撹拌し分解させた後、多量の水で希釈して処理する。

(60)　ジクワットのみを含有する製剤の毒物及び劇物取締法上の規制区分について、正しいものはどれか。

　　1　毒物に指定されている。
　　2　毒物に指定されている。ただし、2％以下を含有するものは劇物に指定されている。
　　3　劇物に指定されている。
　　4　劇物に指定されている。ただし、2％以下を含有するものを除く。

（特定品目）

問10　4つの容器にA〜Dの物質が入っている。それぞれの物質はキシレン、硅弗化ナトリウム、重クロム酸カリウム、メタノールのいずれかであり、それぞれの性状・性質及び廃棄方法の例は次の表のとおりである。(46)〜(50)の問に答えなさい。

物質	性状・性質	廃　棄　方　法　の　例
A	白色の固体である。水に溶けにくい。	水に溶かし、消石灰等の水溶液を加えて処理した後、希硫酸を加えて中和し、沈殿ろ過して埋立処分する。
B	無色透明な液体である。水にどんな割合でも溶ける。	活性汚泥法により処理する。
C	橙赤色の固体である。水に溶けやすい。	希硫酸に溶かし、硫酸第一鉄等の水溶液を過剰に用いて還元する。消石灰等の水溶液で処理し、沈殿ろ過する。溶出試験を行い、溶出量が判定基準以下であることを確認して埋立処分する。
D	無色透明な液体である。水にほとんど溶けない。	硅そう土等に吸収させて開放型の焼却炉で少量ずつ焼却する。

(46)　A～Dにあてはまる物質について、正しい組合せはどれか。

	A	B	C	D
1	硅弗化ナトリウム	メタノール	重クロム酸カリウム	キシレン
2	硅弗化ナトリウム	キシレン	重クロム酸カリウム	メタノール
3	重クロム酸カリウム	キシレン	硅弗化ナトリウム	メタノール
4	重クロム酸カリウム	メタノール	硅弗化ナトリウム	キシレン

(47)　物質Aの化学式として、正しいものはどれか。

1　$Na_2C_2O_4$　　　2　$K_2Cr_2O_7$　　　3　$LiBF_4$　　　4　Na_2SiF_6

(48)　物質Bに関する記述として、正しいものはどれか。

1　キシロールとも呼ばれる。
2　あらかじめ熱灼した酸化銅を加えると、ホルムアルデヒドができ、酸化銅は還元されて金属銅色を呈する。
3　水溶液を白金線につけて無色の火炎中に入れると、火炎は著しく黄色に染まり、長時間続く。
4　10％を含有する製剤は劇物である。

(49)　物質Cに関する記述の正誤について、正しい組合せはどれか。

a　強い吸湿性がある。
b　加熱分解して、四弗化硅素ガスを発生する。
c　強力な酸化剤である。

	a	b	c
1	正	正	誤
2	正	誤	正
3	誤	正	誤
4	誤	誤	正

(50)　物質Dに関する記述の正誤について、正しい組合せはどれか。

a　引火性がある。
b　ジメチルベンゼンとも呼ばれる。
c　劇物に指定されている。

	a	b	c
1	正	正	正
2	正	正	誤
3	正	誤	正
4	誤	正	正

問 11　次は、過酸化水素及び過酸化水素水に関する記述である。(51)～(55)の問に答えなさい。

(51)　次の記述の（①）～（③）にあてはまる字句として、正しい組合せはどれか。

過酸化水素水は（①）の液体である。過酸化水素の化学式は（②）であり、分解すると（③）と水を生じる。

	①	②	③
1	無色	HCl	塩素
2	無色	H_2O_2	酸素
3	赤褐色	HCl	酸素
4	赤褐色	H_2O_2	塩素

(52) 過酸化水素水(過酸化水素 35 %を含む水溶液)の性質に関する記述の正誤について、正しい組合せはどれか。

a 光に対して安定である。
b 強アルカリ性を示す。
c 酸化、還元の両作用を有している。

	a	b	c
1	正	正	誤
2	正	誤	正
3	誤	正	誤
4	誤	誤	正

(53) 過酸化水素水(過酸化水素 35 %を含む水溶液)の人体に対する影響や応急措置の正誤について、正しい組合せはどれか。

a 皮膚に付着すると薬傷を起こすことがある。
b 皮膚に付着した場合は、直ちに付着部を多量の水で十分に洗い流す。
c 目に入った場合、角膜が侵され、失明することがある。

	a	b	c
1	正	正	正
2	正	正	誤
3	正	誤	正
4	誤	正	正

(54) 過酸化水素水(過酸化水素 35 %を含む水溶液)の廃棄方法として、最も適切なものはどれか。

1 セメントを用いて固化し、溶出試験を行い、溶出量が判定基準以下であることを確認して埋立処分する。
2 多量の水で希釈して処理する。
3 アフターバーナーを具備した焼却炉の火室へ噴霧し焼却する。
4 ナトリウム塩とした後、活性汚泥法で処理する。

(55) 次の a 〜 d の過酸化水素水のうち、劇物に該当するものとして、正しいものはどれか。

a 過酸化水素を 25 %含有する水溶液　　b 過酸化水素を 12 %含有する水溶液
c 過酸化水素を 9 %含有する水溶液　　d 過酸化水素を 5 %含有する水溶液

1 aのみ　　2 a、bのみ　　3 a、b、cのみ　　4 a、b、c、d

問 12 あなたの店舗ではトルエンを取り扱っています。次の (56) 〜 (60) の問に答えなさい。

(56) 「性状や規則区分について教えてください。」という質問を受けました。質問に対する回答の正誤について、正しい組合せはどれか。

a 無臭の液体です。
b エタノールに溶けません。
c 劇物に指定されています。

	a	b	c
1	正	誤	正
2	正	誤	誤
3	誤	正	誤
4	誤	誤	正

(57) 「人体に対する影響や応急措置について教えてください。」という質問を受けました。質問に対する回答の正誤について、正しい組合せはどれか。

a 吸入すると、麻酔状態になることがあります。
b 皮膚に触れた場合、皮膚の炎症を起こすことがあります。
c 目に入った場合は、直ちに多量の水で十分に洗い流してください。

	a	b	c
1	正	正	正
2	正	正	誤
3	正	誤	正
4	誤	正	正

(58) 「取扱いの注意事項について教えてください。」という質問を受けました。質問に対する回答の正誤について、正しい組合せはどれか。

a 酸化剤と反応することがあるので、接触させないでください。

b 熱源や着火源から離れた通風のよい乾燥した場所に保管してください。

c ガラスを腐食するので、プラスチック製の容器に保管してください。

	a	b	c
1	正	正	誤
2	正	誤	正
3	誤	正	正
4	誤	正	誤

(59) 「性質について教えてください。」という質問を受けました。質問に対する回答の正誤について、正しい組合せはどれか。

a 空気中の酸素によって一部が酸化されて、ぎ酸を生じます。

b 揮発した蒸気は空気より重いです。

c ベンゼン、エーテルによく溶けます。

	a	b	c
1	正	正	正
2	正	誤	誤
3	誤	正	正
4	誤	誤	正

(60) 「廃棄方法について教えてください。」という質問を受けました。質問に対する回答として、最も適切なものはどれか。

1 水で希薄な水溶液とし、希塩酸で中和させた後、多量の水で希釈して処理します。

2 徐々に石灰乳等の攪拌溶液に加え中和させた後、多量の水で希釈して処理します。

3 硅そう土等に吸収させて開放型の焼却炉で少量ずつ燃焼します。

4 活性汚泥法で処理します。

〔実　地〕

（一般）

問 11　次の(51)～(55)の毒物又は劇物の性状等に関する記述のうち、正しいものはどれか。

(51)　ジメチルアミン

1　強アンモニア臭を有する気体である。水に溶けやすく、その水溶液はアルカリ性を示す。
2　特異臭を有する無色から淡褐色の液体である。水にほとんど溶けない。
3　赤色又は黄色の結晶である。熱あるいは衝撃により爆発する。
4　白色の固体である。空気に触れると、水分を吸収して潮解する。

(52)　ピロリン酸第二銅

1　無色又は淡黄色の液体である。土壌燻蒸に用いられる。
2　無色の結晶性粉末である。殺鼠剤に用いられる。
3　黒灰色又は黒紫色の金属様の光沢をもつ結晶である。分析用試薬に用いられる。
4　淡青色の粉末である。めっきに用いられる。

(53)　一酸化鉛

1　無色の液体である。ジクロルボスとも呼ばれる。
2　無色の気体である。アルシンとも呼ばれる。
3　黄色から赤色の固体である。リサージとも呼ばれる。
4　暗緑色の固体である。マラカイトとも呼ばれる。

(54)　セレン化水素

1　無色のニンニク臭を有する気体である。ドーピングガスとして用いられる。
2　金属光沢を有する銀白色の重い液体である。寒暖計や体温計に用いられる。
3　茶褐色の粉末である。酸化剤として使用されるほか、電池の製造に用いられる。
4　無色の光沢のある結晶である。染料の原料として用いられる。

(55)　モノクロル酢酸

1　無色の刺激臭を有する液体である。化学式は CH_2O_2 である。
2　赤褐色の粉末である。化学式は Ag_2CrO_4 である。
3　無色の潮解性がある結晶である。化学式は $C_2H_3ClO_2$ である。
4　淡黄褐色の液体である。化学式は $C_6H_{12}Cl_2O$ である。

問 12　次の(56)～(60)の毒物又は劇物の性状等に関する記述のうち、正しいものはどれか。

(56)　メチルメルカプタン

1　赤色又は椎黄色の粉末である。顔料として用いられる。
2　酢酸臭を有する白色の粉末である。殺鼠剤として用いられる。
3　腐ったキャベツ様の臭気を有する無色の気体である。付臭剤として用いられる。
4　刺激臭を有する無色の液体である。特殊材料ガスの原料として用いられる。

(57) アクリルアミド

    1 白色又は無色の結晶である。直射日光や高温にさらされると重合する。
    2 アンモニア様の臭気を有する無色の液体である。空気中で発煙する。
    3 青緑色の結晶である。潮解性を有する。
    4 黄緑色の気体である。水分の存在下で多くの金属を腐食する。

(58) 無水クロム酸

    1 エーテル様の臭いを有する無色の気体である。空気と混合すると爆発性の混合ガスとなる。
    2 無色から褐色の液体である。光により一部分解する。
    3 銀白色の固体である。水と激しく反応する。
    4 暗赤色の固体である。水によく溶け、強い酸化作用を有する。

(59) 五酸化バナジウム

    1 黄色から赤色の固体である。触媒として用いられる。
    2 昇華性を有する無色の固体である。木や藁の漂白剤として用いられる。
    3 無色の液体である。コーティング加工用樹脂の原料として用いられる。
    4 刺激臭を有する赤褐色の液体である。化学合成繊維の難燃剤として用いられる。

(60) ２，３－ジヒドロー２，２－ジメチルー７－ベンゾ［b］フラニルー N －ジブチルアミノチオー N －メチルカルバマート（別名：カルボスルファン）

    1 淡黄色又は橙色の固体である。顔料として用いられる。
    2 褐色の粘稠液体である。殺虫剤として用いられる。
    3 無色の液体である。合成繊維、合成ゴム及び合成樹脂の原料として用いられる。
    4 白色の固体である。殺鼠剤として用いられる。

問 13 ４つの容器に A ～ D の物質が入っている。それぞれの物質は、過酸化尿素、ジボラン、ブロムエチル、硫酸銅（II）五水和物のいずれかであり、それぞれの性状等は次の表のとおりである。(61)～(65)の問に答えなさい。

物質	性 状 等
A	無色のビタミン臭を有する気体で、水により加水分解し、ホウ酸と水素を生成する。
B	白色の固体で、空気中で尿素、水及び酸素に分解することがある。
C	揮発性のある無色の液体で、日光や空気に触れると分解して褐色を呈する。
D	青色の固体で、風解比がある。

(61) A ～ D にあてはまる物質について、正しい組合せはどれか。

	A	B	C	D
1	ジボラン	硫酸銅（II）五水和物	ブロムエチル	過酸化尿素
2	ジボラン	過酸化尿素	ブロムエチル	硫酸銅（II）五水和物
3	ブロムエチル	硫酸銅（II）五水和物	ジボラン	過酸化尿素
4	ブロムエチル	過酸化尿素	ジボラン	硫酸銅（II）五水和物

(62) 物質 A の化学式として、正しいものはどれか。

    1 CH_3Br 2 B_2H_6 3 BCl_3 4 C_2H_5Br

(63) 物質 B の廃棄方法として、最も適切なものはどれか。

    1 燃焼法   2 固化隔離法   3 沈殿法   4 希釈法

(64) 物質 C の主な用途として、正しいものはどれか。

    1 めっきの材料   2 特殊材料ガス
    3 アルキル化剤   4 毛髪の脱色剤

(65) 物質 A ～ D に関する毒物及び劇物取締法上の規制区分について、正しいものはどれか。

    1 物質 A は毒物、物質 B、C、D は劇物である。
    2 物質 B は毒物、物質 A、C、D は劇物である。
    3 物質 C は毒物、物質 A、B、D は劇物である。
    4 すべて劇物である。

問 14 あなたの店舗ではクロロホルムを取り扱っています。次の (66) ～ (70) の問に答えなさい。

(66) 「性状や規制区分について教えてください。」という質問を受けました。質問に対する回答の正誤について、正しい組合せはどれか。

a 無色で特異臭がある液体です。
b 水によく溶けます。
c 毒物に指定されています。

	a	b	c
1	正	正	誤
2	正	誤	誤
3	誤	正	正
4	正	誤	正

(67) 「人体に対する影響や応急措置について教えてください。」という質問を受けました。質問に対する回答の正誤について、正しい組合せはどれか。

a 吸入すると、強い麻酔作用があり、めまい、頭痛、吐き気を生じることがあります。
b 眼に入った場合は、直ちに多量の水で 15 分間以上洗い流してください。
c 皮膚に触れた場合、皮膚から吸収され、吸入した場合と同様の中毒症状を起こすことがあります。

	a	b	c
1	正	正	正
2	正	正	誤
3	正	誤	正
4	誤	正	正

(68) 「取扱い及び保管上の注意事項について教えてください。」という質問を受けました。質問に対する回答の正誤について、正しい組合せはどれか。

a 適切な保護具を着用し、屋外又は換気のよい場所でのみ使用してください。
b 熱源や着火源から離れた通風のよい乾燥した冷暗所に保管してください。
c ガラスを激しく腐食するので、ガラス容器を避けて保管してください。

	a	b	c
1	正	正	誤
2	正	誤	誤
3	誤	正	正
4	誤	誤	正

(69) 「性質について教えてください。」という質問を受けました。質問に対する回答として、最も適切なものはどれか。
1 光、熱などに反応して、四弗化硅素を発生することがあります。
2 光、熱などに反応して、硫化水素を発生することがあります。
3 光、熱などに反応して、酸化窒素を発生することがあります。
4 光、熱などに反応して、ホスゲンを発生することがあります。

(70) 「廃棄方法について教えてください。」という質問を受けました。質問に対する回答として、最も適切なものはどれか。
1 ナトリウム塩とした後、活性汚泥で処理します。
2 多量の水に希釈して処理します。
3 過剰の可燃性溶剤又は重油等の燃料とともに、アフターバーナー及びスクラバーを備えた焼却炉の火室へ噴霧してできるだけ高温で焼却します。
4 水を加えて希薄な水溶液とし、希塩酸で中和させた後、多量の水で希釈して処理します。

問 15 4つの容器に A ～ D の物質が入っている。それぞれの物質は、硝酸銀、ダイアジノン、硫化カドミウム、燐化亜鉛のいずれかであり、それぞれの性状等は次の表のとおりである。(71)～(75)の問に答えなさい。

物質	性 状 等
A	暗赤色から暗灰色の結晶性粉末である。塩酸と反応してホスフインを発生する。
B	無色から白色の結晶である。光によって黒変する。
C	無色の液体である。 かすかにエステル臭を有する。
D	淡黄色から濃橙色の結晶性粉末である。水には極めて溶けにくい。

ダイアジノン：2－イソプロピル－4－メチルピリミジル－6－ジエチルチオホスフェイト

(71) A ～ D にあてはまる物質について、正しい組合せはどれか。

	A	B	C	D
1	ダイアジノン	硝酸銀	燐化亜鉛	硫化カドミウム
2	燐化亜鉛	硝酸銀	ダイアジノン	硫化カドミウム
3	ダイアジノン	硫化カドミウム	燐化亜鉛	硝酸銀
4	燐化亜鉛	硫化カドミウム	ダイアジノン	硝酸銀

(72) 物質 A を含有する製剤の主な用途として、正しいものはどれか。
1 植物成長調整剤 2 除草剤 3 土壌燻蒸剤 4 殺鼠剤

(73) 物質 B の廃棄方法として、最も適切なものはどれか。
1 水に溶かし、食塩水を加えて生じた沈殿物を濾過する。
2 可燃性溶剤とともにアフターバーナー及びスクラバーを備えた焼却炉の火室へ噴霧し、焼却する。
3 セメントで固化し、溶出試験を行い、溶出量が判定基準以下であることを確認して埋立処分する。
4 多量の次亜塩素酸ナトリウムと水酸化ナトリウムの混合水溶液を撹拌しながら少量ずつ加えて酸化分解する。過剰の次亜塩素酸ナトリウムをチオ硫酸ナトリウム水溶液等で分解した後、希硫酸を加えて中和し、沈殿濾過して埋立処分する。

(74)　物質Cの化学式として、正しいものはどれか。

1

2

3

Zn₃P₂

4

CCl₃NO₂

(75)　物質A～Dに関する毒物及び劇物取締法上の規制区分について、正しいものはどれか。

1　物質A、Bは毒物、物質C、Dは劇物である。
2　物質Cは毒物、物質A、B、Dは劇物である。
3　物質Dは毒物、物質A、B、Cは劇物である。
4　すべて劇物である。

（農業用品目）

問 10　次の(46)～(50)の記述にあてはまる農薬の成分を次の「選択肢」からそれぞれ選びなさい。

(46)　0.5 ％以下を含有するものを除き、劇物に指定されている。5 ％含有の乳剤が市販されている。はくさいのアオムシ、いんげんまめのアブラムシ類等に適用されるピレスロイド系殺虫剤の成分である。

(47)　3 ％以下を含有するものを除き、劇物に指定されている。30 ‰含有の水和剤が市販されている。果樹のシンクイムシ類、茶のチャノホソガ等に適用されるネオニコチノイド系殺虫剤の成分である。

(48)　毒物（50 ％以下を含有するものは劇物）に指定されている。42 ％含有の水和剤が市販されている。かきのうどんこ病やりんごの黒点病等に適用される殺菌剤の成分である。

(49)　毒物（0.005 ％以下を含有するものは劇物）に指定されている。0.005 ％含有の粒剤が市販されている。野ねずみに適用される殺鼠剤の成分である。

(50)　毒物（45 ％以下を含有するものは劇物）に指定されている。45 ％含有の水和剤、1.5 ％含有の粉粒剤が市販されている。かんしょのハスモンヨトウやキャベツのアブラムシ等に適用されるカーバメート系殺虫剤の成分である。

    1 2，3－ジシアノ－1，4－ジチアアントラキノン
         （別名：ジチアノン）
    2 α－シアノ－4－フルオロ－3－フェノキシベンジル＝3－（2，2－ジク
         ロロビニル）－2，2－ジメチルシクロプロパンカルボキシラート
         （シフルトリンとも呼ばれる。）
    3 2－ジフェニルアセチル－1，3－インダンジオン
         （ダイファシノンとも呼ばれる。）
    4 3－（6－クロロピリジン－3－イルメチル）－1，3－チアゾリジン－2
         －イリデンシアナミド
         （別名：チアクロプリド）
    5 S－メチル－N－［(メチルカルバモイル)－オキシ］－チオアセトイミデート
         （別名：メトミル）

問 11　4つの容器に A ～ D の物質が入っている。それぞれの物質は、農薬の成分の
　　　　トリシクラゾール、パラコート、燐化亜鉛、DMTP のいずれかであり、それぞれ
　　　　の性状・性質及び用途は次の表のとおりである。(51)～(55)の問に答えなさい。

物質	性状・性質	用途
A	灰白色の結晶である。水に溶けにくいが、有機溶媒には溶ける。	みかんのヤノネカイガラムシ（幼虫～未成熟成虫）等に適用される有機燐系殺虫剤として用いられる。
B	暗赤色から暗灰色の結晶性粉末であり、水に極めて溶けにくい。塩酸と反応してホスフィンを発生する。	殺鼠剤として用いられる。
C	無色の結晶で、水に溶けにくい。	主に稲のいもち病の殺菌剤として用いられる。
D	無色又は白色の吸湿性結晶で、水に溶けやすく、アルカリ性で不安定である。	除草剤として用いられる。

MTP　　　　　：3－ジメチルジチオホスホリル－S－メチル－5－メトキシ－1，3，4－チアジアゾリン－2－オン
パラコート　　　：1，1'－ジメチル－4，4'－ジピリジニウムジクロリド
トリシクラゾール：5－メチル－1，2，4－トリアゾロ［3，4－b］ベンゾチアゾール

(51)　A ～ D にあてはまる物質について、正しい組合せはどれか。

	A	B	C	D
1	DMTP	燐化亜鉛	トリシクラゾール	パラコート
2	燐化亜鉛	DMTP	パラコート	トリシクラゾール
3	DMTP	燐化亜鉛	パラコート	トリシクラゾール
4	燐化亜鉛	DMTP	トリシクラゾール	パラコート

(52)　物質 A の中毒時の解毒に用いられる物質として、正しいものはどれか。

    1 硫酸アトロピン
    2 メチレンブルー
    3 ジメルカプロール(BAL とも呼ばれる。)
    4 L－システイン

(53) 物質Bの廃棄方法として、最も適切なものはどれか。

1 木粉（おが屑）等の可燃物に混ぜて、スクラバーを備えた焼却炉で焼却する。
2 少量の界面活性剤を加えた亜硫酸ナトリウムと炭酸ナトリウムの混合溶液中で、攪拌し分解させた後、多量の水で希釈して処理する。
3 そのまま再利用するため蒸留する。
4 セメントを用いて固化し、埋立処分する。

(54) 物質Cを含有する製剤の毒物及び劇物取締法上の規制区分について、正しいものはどれか。

1 劇物に指定されている。
2 劇物に指定されている。ただし、8％以下を含有するものを除く。
3 毒物に指定されている。
4 毒物に指定されている。ただし、8％以下を含有するものは劇物に指定されている。

(55) 物質Dの化学式として、正しいものはどれか。

1

2

Zn_3P_2

3

4

問12 あなたの店舗では、N－メチル－1－ナフチルカルバメート（NAC、カルバリルとも呼ばれる。）のみを有効成分として含有する農薬を取り扱っています。(56)～(60)の問に答えなさい。

(56) この農薬の主な用途として、正しいものはどれか。

1 除草剤   2 殺鼠剤   3 殺虫剤   4 植物成長調整剤

(58) N－メチル－1－ナフチルカルバメートの性状及び性質として、正しいものはどれか。

1 白色又は淡黄褐色の固体で、水に溶けにくい。
2 青色の液体で、水によく溶ける。
3 赤色の固体で、水によく溶ける。
4 赤褐色の液体で、水に溶けにくい。

(58)　N－メチル－1－ナフチルカルバメートの化学式として、正しいものはどれか。

1

•2Br⁻

2

3

4

(59)　N－メチル－1－ナフチルカルバメートの廃棄方法として、最も適切なものはどれか。

1　セメントを用いて固化し、埋立処分する。
2　そのまま再利用するため蒸留する。
3　可燃性溶剤とともに焼却炉の火室へ噴霧し、焼却する。
4　水に懸濁し、希硫酸を加えて加熱分解した後、水酸化カルシウム、炭酸ナトリウム等の水溶液を加えて中和し、沈殿濾過して埋立処分する。

(60)　N－メチル－1－ナフチルカルバメートのみを含有する製剤の毒物及び劇物取締法上の規制区分について、正しいものはどれか。

1　毒物に指定されている。
2　毒物に指定されている。ただし、5％以下を含有するものは劇物に指定されている。
3　劇物に指定されている。
4　劇物に指定されている。ただし、5％以下を含有するものを除く。

（特定品目）

問10　4つの容器にA～Dの物質が入っている。それぞれの物質は、一酸化鉛、塩化水素、四塩化炭素、蓚酸（二水和物）のいずれかであり、それぞれの性状・性質及び廃棄方法の例は次の表のとおりである。(46)～(50)の問に答えなさい。

物質	性状・性質	廃 棄 方 法 の 例
A	無色の固体である。水に溶ける。	ナトリウム塩とした後、活性汚泥で処理する。
B	無色の刺激臭を有する気体である。水に溶ける。	徐々に石灰乳等の攪拌溶液に加え中和させた後、多量の水で希釈して処理する。
C	重い固体で黄色から赤色までの間の種々のものがある。水にほとんど溶けない。	セメントを用いて固化し、溶出試験を行い、溶出量が判定基準以下であることを確認して埋立処分する。
D	特有の臭気をもつ揮発性無色の液体である。水にほとんど溶けない。	過剰の可燃性溶剤又は重油等の燃料とともに、アフターバーナー及びスクラバーを備えた焼却炉の火室へ噴霧してできるだけ高温で焼却する。

(46)　A～Dにあてはまる物質について、正しい組合せはどれか。

	A	B	C	D
1	一酸化鉛	四塩化炭素	蓚酸（二水和物）	塩化水素
2	一酸化鉛	塩化水素	蓚酸（二水和物）	四塩化炭素
3	蓚酸（二水和物）	塩化水素	一酸化鉛	四塩化炭素
4	蓚酸（二水和物）	四塩化炭素	一酸化鉛	塩化水素

(47)　物質Aに関する記述の正誤について、正しい組合せはどれか。

a　水溶液をアンモニア水で弱アルカリ性にして塩化カルシウムを加えると、白色の沈殿を生じる。

b　水溶液は過マンガン酸カリウムの溶液を退色する。

c　希硝酸に溶かすと、無色の液となり、これに硫化水素を通じると、黒色の沈殿を生じる。

	a	b	c
1	正	正	誤
2	誤	誤	正
3	誤	正	正
4	誤	正	誤

(48)　物質Bに関する記述として、正しいものはどれか。

1　湿った空気中で発煙する。

2　空気より軽い。

3　引火性がある。

4　1％以下を含有するものを除き、劇物に指定されている。

(49)　物質Cの化学式として、正しいものはどれか。

1　(COOH)₂·2H₂O　　2　PbO₂　　3　PbO　　4　HCHO

(50) 物質Dに関する記述の正誤について、正しい組合せはどれか。

a　10％を含有する製剤は劇物に該当する。
b　アルコール性の水酸化カリウムと銅粉とともに煮沸すると、黄赤色の沈殿を生じる。
c　蒸気は空気より重く、低所に滞留するので、地下室など換気の悪い場所には保管しない。

	a	b	c
1	正	正	正
2	正	誤	正
3	誤	正	正
4	誤	誤	誤

問11　次は、水酸化カリウムに関する記述である。(51)～(55)の問に答えなさい。

(51)　次の記述の（　①　）～（　③　）にあてはまる字句として、正しい組合せはどれか。

水酸化カリウムは（　①　）の固体で、空気中に放置すると、（　②　）する。また、水酸化カリウム水溶液は、（　③　）にする。

	①	②	③
1	白色	昇華	青色リトマス紙を赤色
2	白色	潮解	赤色リトマス紙を青色
3	赤色	潮解	青色リトマス紙を赤色
4	白色	昇華	赤色リトマス紙を青色

(52)　水酸化カリウムに関する記述の正誤について、正しい組合せはどれか。

a　水酸化カリウムは2価の塩基である。
b　水、アルコールに発熱しながら溶ける。
c　二酸化炭素と水を強く吸収するから、密栓をして貯蔵する。

	a	b	c
1	正	誤	誤
2	誤	誤	正
3	誤	正	正
4	誤	正	誤

(53)　水酸化カリウムの人体に対する影響や応急措置の正誤について、正しい組合せはどれか。

a　眼に入った場合には、失明のおそれがある。
b　ミストを吸入すると、呼吸器官を侵す。
c　高濃度の水溶液は、皮膚に触れると、激しく侵す。

	a	b	c
1	正	正	正
2	正	誤	正
3	誤	正	正
4	誤	正	誤

(54)　次のa～dのうち、劇物に該当するものとして、正しいものはどれか。

a　水酸化カリウムを20％含有する製剤
b　水酸化カリウムを10％含有する製剤
c　水酸化カリウムを2％含有する製剤
d　水酸化カリウムを1％含有する製剤

1　aのみ　　　2　a、bのみ　　　3　a、b、cのみ　　　4　a、b、c、dすべて

(54)　水酸化カリウムの廃棄方法として、最も適切なものはどれか。

1　木粉（おが屑）等に吸収させて焼却炉で焼却する。
2　徐々に石灰乳等の攪拌溶液に加えて中和させた後、多量の水で希釈して処理する。
3　スクラバーを備えた焼却炉の火室へ噴霧し焼却する。
4　水を加えて希薄な水溶液とし、酸で中和させた後、多量の水で希釈して処理する。

問 12　あなたの店舗ではクロロホルムを取り扱っています。次の (56) ～ (60) の問に答えなさい。

(56)　「性状や規則区分について教えてください。」という質問を受けました。質問に対する回答の正誤について、正しい組合せはどれか。

a　無色で特異臭がある液体です。
b　水によく溶けます。
c　毒物に指定されています。

	a	b	c
1	正	正	誤
2	正	誤	誤
3	誤	正	正
4	正	誤	正

(57)　「人体に対する影響や応急措置について教えてください。」という質問を受けました。質問に対する回答の正誤について、正しい組合せはどれか。

a　吸入すると、強い麻酔作用があり、めまい、頭痛、吐き気を生じることがあります。
b　眼に入った場合は、直ちに多量の水で 15 分間以上洗い流してください。
c　皮膚に触れた場合、皮膚から吸収され、吸入した場合と同様の中毒症状を起こすことがあります。

	a	b	c
1	正	正	正
2	正	正	誤
3	正	誤	正
4	誤	正	正

(58)　「取扱い及び保管上の注意事項について教えてください。」という質問を受けました。質問に対する回答の正誤について、正しい組合せはどれか。

a　適切な保護具を着用し、屋外又は換気のよい場所でのみ使用してください。
b　熱源や着火源から離れた通風のよい乾燥した冷暗所に保管してください。
c　ガラスを激しく腐食するので、ガラス容器を避けて保管してください。

	a	b	c
1	正	正	誤
2	正	誤	誤
3	誤	正	正
4	誤	誤	正

(59)　「性質について教えてください。」という質問を受けました。質問に対する回答として、最も適切なものはどれか。
1　光、熱などに反応して、四弗化硅素を発生することがあります。
2　光、熱などに反応して、硫化水素を発生することがあります。
3　光、熱などに反応して、酸化窒素を発生することがあります。
4　光、熱などに反応して、ホスゲンを発生することがあります。

(60)　「廃棄方法について教えてください。」という質問を受けました。質問に対する回答として、最も適切なものはどれか。

1　ナトリウム塩とした後、活性汚泥で処理します。
2　多量の水に希釈して処理します。
3　過剰の可燃性溶剤又は重油等の燃料とともに、アフターバーナー及びスクラバーを備えた焼却炉の火室へ噴霧してできるだけ高温で焼却します。
4　水を加えて希薄な水溶液とし、希塩酸で中和させた後、多量の水で希釈して処理します。

東京都
令和2年度実施

〔実 地〕

（一般）

問 11 次の(51)〜(55)の毒物又は劇物の性状等に関する記述のうち、正しいものはどれか。

(51) ヘキサメチレンジイソシアナート
1 無色の液体で、わずかに刺激臭を有する。ポリウレタン繊維の製造原料として用いられる。
2 白色の結晶で、吸湿性がある。殺鼠剤（そ）として用いられる。
3 濃い藍色の結晶である。工業用の電解液や農薬として用いられる。
4 褐色の粘稠（ちゅう）液体である。殺虫剤として用いられる。

(52) チメロサール
1 赤又は赤褐色の固体である。塗料として用いられる。
2 腐ったキャベツ様の悪臭を有する気体である。付臭剤として用いられる。
3 無色で、芳香族炭化水素特有の臭いを有する液体である。溶剤として用いられる。
4 白色又は淡黄色の固体である。ワクチンに添加される保存剤として用いられる。

(53) 燐化亜鉛（りん）
1 腐った魚の臭いを有する無色の気体である。ドーピングガスとして用いられる。
2 白色の固体である。乾電池材料として用いられる。
3 淡黄褐色の粘稠（ちゅう）液体である。殺虫剤として用いられる。
4 暗赤色又は暗灰色の固体である。殺鼠剤として用いられる。

(54) 無水クロム酸
1 銀白色の軟らかい固体である。空気中で酸化され、発火することがある。
2 暗赤色の固体である。空気中の水分を吸って潮解する。
3 無色油状の液体である。空気中で強く発煙する。
4 青色の固体である。空気中で風解する。

(55) 臭化銀
1 銀白色で光沢のある固体である。水と激しく反応する。
2 淡黄色の固体である。光により分解して黒変する。
3 無色の揮発性の液体である。日光により分解して褐色を呈する。
4 暗紫色の固体である。大気中で酸化して白煙を発生する。

問 12 次の(56)〜(60)の毒物又は劇物の性状等に関する記述のうち、正しいものはどれか。

(56) 三塩化アンチモン
1 淡黄色の液体である。有機合成において触媒として用いられる。
2 ニンニク臭のある無色の気体である。エピタキシャル成長に用いられる。
3 無色の油状液体である。特殊材料ガスとして用いられる。
4 白色から淡黄色の固体である。媒染剤として用いられる。

(57) 三塩化硼素

1 暗紫色の潮解性結晶である。オレフィン類の重合用触媒として用いられる。
2 刺激臭を有する無色の気体である。特殊材料ガスとして用いられる。
3 帯緑白色で光沢のある固体である。媒染剤として用いられる。
4 白色の固体である。漂白剤として用いられる。

(58) アクロレイン

1 水によく溶ける無色の結晶である。化学式は $CH_2=CHCONH_2$ である。
2 エーテル様の臭いを有する無色の気体である。化学式は CH_3Cl である。
3 刺激臭のある無色又は帯黄色の液体である。化学式は $CH_2=CHCHO$ である。
4 強アンモニア臭のある無色の気体である。化学式は $(CH_3)_2NH$ である。

(59) 硫化カドミウム

1 黄橙色の固体である。顔料として用いられる。
2 赤褐色の固体である。電気めっきに用いられる。
3 白色の固体である。写真用のエマルジョンに用いられる。
4 無色の液体である。媒染剤として用いられる。

(60) ヒドラジン

1 酸化作用を有する橙赤色の固体である。電気めっきに用いられる。
2 酸化作用を有する黄緑色の気体である。消毒剤として用いられる。
3 還元作用を有する無色の固体である。抜染剤として用いられる。
4 還元作用を有する無色の油状液体である。ロケット燃料として用いられる。

問13 4つの容器に A～D の物質が入っている。それぞれの物質は、塩基性炭酸銅、フェノール、2－メルカプトエタノール、六弗化セレンのいずれかであり、それぞれの性状等は次の表のとおりである。
(61)～(65)の問いに答えなさい。

物質	性　状　等
A	特徴的臭気のある無色の液体である。水、ベンゼンに溶ける。
B	暗緑色の結晶性粉末である。水、エタノールにほとんど溶けない。
C	無色の気体である。水、有機溶剤にほとんど溶けず、空気中で発煙する。
D	無色又は白色の結晶である。空気中で赤変する。

(61) A～D にあてはまる物質について、正しい組合せはどれか。

	A	B	C	D
1	六弗化セレン	塩基性炭酸銅	2－メルカプトエタノール	フェノール
2	六弗化セレン	フェノール	2－メルカプトエタノール	塩基性炭酸銅
3	2－メルカプトエタノール	塩基性炭酸銅	六弗化セレン	フェノール
4	2－メルカプトエタノール	フェノール	六弗化セレン	塩基性炭酸銅

(62) 物質 A の化学式として、正しいものはどれか。

1 $HSCH_2CH_2OH$　　2 $HOCH_2CH_2CN$　　3 F_6Se　　4 H_2SeO_4

(63) 物質Bの廃棄方法として、最も適切なものはどれか。

1 固化隔離法　　2 酸化法　　3 活性汚泥法　　4 中和法

(64) 物質 C を含有する製剤の毒物及び劇物取締法上の規制区分について、正しいものはどれか。

1 毒物に指定されている。
2 毒物に指定されている。ただし、10%以下を含有するものは劇物に指定されている。
3 劇物に指定されている。
4 劇物に指定されている。ただし、10%以下を含有するものは除く。

(65) 物質 D の主な用途として、正しいものはどれか。

1 防腐剤　　2 除草剤　　3 毛髪の脱色剤　　4 工業用の顔料

問 14 あなたの店舗では酢酸エチル及び過酸化水素水(過酸化水素 35%を含む水溶液)を取り扱っています。次の (66)～(70) の問に答えなさい。

(66) 「酢酸エチルの性状や規制区分について教えてください。」という質問を受けました。質問に対する回答の正誤について、正しい組合せはどれか。

a 果実様の芳香があります。
b 無色透明の液体です。
c 毒物に指定されています。

	a	b	c
1	正	正	正
2	正	正	誤
3	正	誤	誤
4	誤	誤	誤

(67) 「酢酸エチルの人体に対する影響について教えてください。」という質問を受けました。質問に対する回答の正誤について、正しい組合せはどれか。

a 皮膚に触れた場合、皮膚炎を起こすことがあります。
b 眼に入ると、粘膜を刺激することがあります。
c 吸入すると、麻酔状態になることがあります。

	a	b	c
1	正	正	正
2	正	正	誤
3	正	誤	正
4	誤	正	正

(68) 「酢酸エチルの取扱い及び保管上の注意事項について教えてください。」という質問を受けました。質問に対する回答の正誤について、正しい組合せはどれか。

a 引火しやすいので、火気から遠ざけて保管してください。
b 酸化剤と反応することがあるので、接触を避けて保管してください。
c ガラスを腐食するので、プラスチック製の容器に保管してください。

	a	b	c
1	正	正	誤
2	誤	正	正
3	正	誤	誤
4	誤	正	誤

(69) 「過酸化水素水の性質について教えてください。」という質問を受けました。質問に対する回答として、最も適切なものはどれか。

1 強アルカリ性を示します。
2 金属に対して安定です。
3 強い麻酔作用があります。
4 酸化、還元の両作用を有しています。

(70) 「過酸化水素水の廃棄方法について教えてください。」という質問を受けました。質問に対する回答として、最も適切なものはどれか。

1 そのまま再生利用するため蒸留してください。
2 多量の水に希釈して処理してください。
3 硅そう土等に吸収させて焼却炉で焼却してください。
4 ナトリウム塩とした後、活性汚泥法で処理してください。

問 15 4つの容器に A ～ D の物質が入っている。それぞれの物質は、五弗化砒素、ジチアノン、フェンチオン、硫酸タリウムのいずれかであり、それぞれの性状等は次の表のとおりである。(71)～(75)の間に答えなさい。

物質	性 状 等
A	暗褐色の結晶性粉末である。水、ヘキサンにほとんど溶けない。
B	無色の結晶である。水にやや溶け、熱湯には溶けやすい。
C	弱いニンニク臭を有する褐色の液体である。多くの有機溶媒に溶けるが、水にほとんど溶けない。
D	刺激臭を有する無色の気体である。湿気と反応し、白煙を生じる。

ジチアノン:2，3－ジシアノ－1，4－ジチアアントラキノン
フェンチオン:ジメチル－4－メチルメルカプト－3－メチルフェニルチオホスフェイト

(71) A～Dにあてはまる物質について、正しい組合せはどれか。

	A	B	C	D
1	ジチアノン	五弗化砒素	フェンチオン	硫酸タリウム
2	ジチアノン	硫酸タリウム	フェンチオン	五弗化砒素
3	フェンチオン	五弗化砒素	ジチアノン	硫酸タリウム
4	フェンチオン	硫酸タリウム	ジチアノン	五弗化砒素

(72) 物質 A の化学式として、正しいものはどれか。

1

2

3

4

(73) 次は、物質 B を含有する製剤の毒物及び劇物取締法上の規制に係る記述である。(①) 及び (②) にあてはまる字句として、正しい組合せはどれか。

> 物質 B を含有する製剤は劇物として指定されている。ただし、0.3%以下を含有し、(①)に着色され、かつ、(②)されているものは除かれる。

	①	②
1	黒色	トウガラシエキスを用いて著しくからく着味
2	黒色	分解促進剤が含有
3	深紅色	トウガラシエキスを用いて著しくからく着味
4	深紅色	分解促進剤が含有

(74) 物質 C の主な用途として、正しいものはどれか。

    1 殺鼠剤   2 特殊材料ガス   3 殺虫剤   4 殺菌剤

(75) 物質 D の廃棄方法として、最も適切なものはどれか。

    1 アルカリ法   2 燃焼法   3 中和法   4 沈殿隔離法

（農業用品目）

問 10 次の(46)～(50)の記述にあてはまる農薬の成分を次の「選択肢」からそれぞれ選びなさい。

(46) 毒物(1.8%以下を含有するものは劇物)に指定されている。1.8%含有の乳剤、水和剤が市販されている。かんきつのミカンサビダニ、アザミウマ類等に適用されるマクロライド系殺虫剤の成分である。

(47) 1%以下を含有するものを除き、劇物に指定されている。10%含有の水和剤、乳剤が市販されている。かんきつのアブラムシ類、もものシンクイムシ類等の駆除に用いられるピレスロイド系殺虫剤の成分である。

(48) 2%(マイクロカプセル製剤にあっては、15%)以下を含有するものを除き、劇物に指定されている。3%含有の粉剤、40%含有の乳剤が市販されている。稲のツマグロヨコバイ、ウンカ類等に適用されるカーバメート系殺虫剤の成分である。

(49) 1%以下を含有し、黒色に着色され、かつ、トウガラシエキスを用いて著しくからく着味されているものを除き、劇物に指定されている。3%含有の粒剤が市販されている。野ねずみに適用される殺鼠剤の成分である。

(50) 3%以下を含有するものを除き、劇物に指定されている。40%含有の水和剤、50%含有の乳剤が市販されている。果樹のカイガラムシ類、キャベツのアオムシ等に適用される有機燐系殺虫剤の成分である。

【選択肢】

    1 (RS)－シアノー(３－フェノキシフェニル)メチル＝２, ２, ３, ３－テトラメチルシクロプロパンカルボキシラート
      (別名:フェンプロパトリン)

    2 ジメチルジチオホスホリルフェニル酢酸エチル
      (フェントエート、PAP とも呼ばれる。)

    3 ２－(１－メチルプロピル)－フェニル－N －メチルカルバメート
      (フェノブカルブ、BPMC とも呼ばれる。)

    4 燐化亜鉛

    5 アバメクチン

問 11　４つの容器に A ～ D の物質が入っている。それぞれの物質は、農薬の成分の塩素酸ナトリウム、オキサミル、カルボスルファン、クロルピクリンのいずれかであり、それぞれの性状・性質及び用途は次の表のとおりである。
　　　　(51)～(55)の問いに答えなさい。

物質	性状・性質	用途
A	かすかに硫黄臭のする白色の固体である。アセトン、水に溶けやすい。	なす、きゅうりのアブラムシ類の殺虫剤として用いられる。
B	無臭の無色又は白色の固体である。水に溶けやすく、潮解性がある。	１年生及び多年生雑草やススキ等の除草剤として用いられる。
C	催涙性及び刺激臭のある無色又は微黄色の液体である。水にほとんど溶けない。	土壌燻蒸剤として用いられる。
D	褐色の粘稠液体である。水にほとんど溶けない。	水稲(箱育苗)のイネミズゾウムシ等の殺虫剤として用いられる。

　オキサミル　　　：メチル－ N',N'－ジメチル－ N －[(メチルカルバモイル)オキシ]－１－チオオキサムイミデート
カルボスルファン：２, ３－ジヒドロ－２, ２－ジメチル－７－ベンゾ[b]フラニル－ N －ジブチルアミノチオ－N －メチルカルバマート

(51)　A ～ D にあてはまる物質について、正しい組合せはどれか。

	A	B	C	D
1	カルボスルファン	クロルピクリン	塩素酸ナトリウム	オキサミル
2	カルボスルファン	塩素酸ナトリウム	クロルピクリン	オキサミル
3	オキサミル	クロルピクリン	塩素酸ナトリウム	カルボスルファン
4	オキサミル	塩素酸ナトリウム	クロルピクリン	カルボスルファン

(52)　物質 A の中毒時の解毒に用いられる物質として、最も適切なものはどれか。

    1 ジメルカプロール(BAL とも呼ばれる。)
    2 硫酸アトロピン
    3 ビタミンK₁
    4 L－システイン

(53) 物質Bの廃棄方法として、最も適切なものはどれか。

1 チオ硫酸ナトリウムの水溶液に希硫酸を加えて酸性にし、この中に少量ずつ投入する。反応終了後、反応液を中和し多量の水で希釈して処理する。

2 木粉(おが屑)等に吸収させてアフターバーナー及びスクラバーを具備した焼却炉で焼却する。

3 セメントを用いて固化し、溶出試験を行い、溶出量が判定基準以下であることを確認して埋立処分する。

4 少量の界面活性剤を加えた亜硫酸ナトリウムと炭酸ナトリウムの混合溶液中で、攪拌し分解させた後、多量の水で希釈して処理する。

(54) 物質Cの化学式として、正しいものはどれか。

1

CCl_3NO_2

2

$NaClO_3$

3

$$\left[H_3C-\overset{+}{N} \bigcirc\!\!-\!\!\bigcirc \overset{+}{N}-CH_3 \right] \cdot 2Cl^-$$

4

(55) 物質Dを含有する製剤の毒物及び劇物取締法上の規制区分について、正しいものはどれか。

1 劇物に指定されている。

2 劇物に指定されている。ただし、3％以下を含有するものを除く。

3 毒物に指定されている。

4 毒物に指定されている。ただし、3％以下を含有するものは劇物に指定されている。

問12 あなたの店舗では、2，2'－ジピリジリウム－1，1'－エチレンジブロミド(ジクワットとも呼ばれる。)のみを有効成分として含有する農薬を取り扱っています。(56)～(60)の問いに答えなさい。

(56) 2，2'－ジピリジリウム－1，1'－エチレンジブロミドの化学式として、正しいものはどれか。

1

2

$$\left[\bigcirc\!\!-\!\!\bigcirc \right] \cdot 2Br^-$$

3

4

(57)　2，2'－ジピリジリウム－1，1'－エチレンジブロミドの主な用途として、正しいものはどれか。

1　殺鼠剤　　2　殺虫剤　　3　植物成長調整剤　　4　除草剤

(58)　2，2'－ジピリジリウム－1，1'－エチレンジブロミドの性状及び性質として、正しいものはどれか。

1　淡黄色の結晶で、水に溶けやすい。
2　白色の結晶性粉末で、水に溶けにくい。
3　無色の油状液体で、水に溶けやすい。
4　黄色の油状液体で、水に溶けにくい。

(59)　2，2'－ジピリジリウム－1，1'－エチレンジブロミドの廃棄方法として、最も適切なものはどれか。

1　酸化法　　2　還元法　　3　中和法　　4　燃焼法

(60)　2，2'－ジピリジリウム－1，1'－エチレンジブロミドのみを含有する製剤の毒物及び劇物取締法上の規制区分について、正しいものはどれか。

1　劇物に指定されている。
2　劇物に指定されている。ただし、7％以下を含有するものを除く。
3　毒物に指定されている。
4　毒物に指定されている。ただし、7％以下を含有するものは劇物に指定されている。

（特定品目）

問10　4つの容器にA〜Dの物質が入っている。それぞれの物質は、アンモニア水、一酸化鉛、硅弗化ナトリウム、メタノールのいずれかであり、それぞれの性状・性質及び廃棄方法の例は次の表のとおりである。(46)〜(50)の問いに答えなさい。

物質	性状・性質	廃　棄　方　法　の　例
A	無色透明な液体である。特異な香気を有する。	活性汚泥法により処理する。
B	無色のアルカリ性を示す液体である。刺激臭を有する。	水で希薄な水溶液とし、酸で中和させた後、多量の水で希釈して処理する。
C	白色の固体である。水に溶けにくい。	水に溶かし、水酸化カルシウム等の水溶液を加えて処理した後、希硫酸を加えて中和し、沈殿濾過して埋立処分する。
D	重い粉末で黄色から赤色までの間の種々のものがある。水にほとんど溶けない。	セメントを用いて固化し、溶出試験を行い、溶出量が判定基準以下であることを確認して埋立処分する。

(46)　A〜Dにあてはまる物質について、正しい組合せはどれか。

	A	B	C	D
1	メタノール	アンモニア水	硅弗化ナトリウム	一酸化鉛
2	メタノール	アンモニア水	一酸化鉛	硅弗化ナトリウム
3	アンモニア水	メタノール	硅弗化ナトリウム	一酸化鉛
4	アンモニア水	メタノール	一酸化鉛	硅弗化ナトリウム

(47)　物質Aの化学式として、正しいものはどれか。

1　HNO_3　　　2　NH_3　　　3　CH_3OH　　　4　$HCHO$

(48)　物質Bに関する記述の正誤について、正しい組合せはどれか。

a　木精とも呼ばれる。
b　銅、錫、亜鉛を腐食する。
c　5％を含有する製剤は、劇物に指定されている。

	a	b	c
1	正	正	正
2	誤	正	正
3	誤	正	誤
4	誤	誤	誤

(49)　物質Cに関する記述の正誤について、正しい組合せはどれか。

a　酸と接触すると有毒な弗化水素ガス及び四弗化硅素ガスを生成する。
b　リサージとも呼ばれる。
c　釉薬として用いられる。

	a	b	c
1	正	誤	正
2	正	誤	誤
3	誤	正	誤
4	誤	誤	正

(50) 物質Dに関する記述の正誤について、正しい組合せはどれか。

a 酸、アルカリに溶ける。
b 顔料として用いられる。
c 毒物である。

	a	b	c
1	正	誤	正
2	正	正	誤
3	誤	正	誤
4	誤	誤	誤

問11 次は、塩化水素及び塩酸(塩化水素37%を含む水溶液)に関する記述である。(51)～(55)の問いに答えなさい。

(51) 次の記述の(①)～(③)にあてはまる字句として、正しい組合せはどれか。

> 塩化水素は、(①)で(②)気体である。化学式は(③)である。

	①	②	③
1	黄緑色	無臭の	HCl
2	無色	無臭の	Cl_2
3	黄緑色	刺激臭を有する	Cl_2
4	無色	刺激臭を有する	HCl

(52) 次のa～dのうち、塩化水素の性質として適切なものはどれか。適切なものの組合せを選びなさい。

a メタノールに溶けない。
b アンモニアと反応し、白煙を生じる。
c 空気より軽い。
d 吸入した場合、のど、気管支、肺などを刺激する。

　　1 a、b　　2 a、c　　3 b、d　　4 c、d

(53) 塩酸の性質に関する記述の正誤について、正しい組合せはどれか。

a 湿った空気中で発煙する。
b 赤色リトマス紙に滴下すると、青変する。
c 銅と激しく反応し、塩素を発生する。

	a	b	c
1	正	誤	正
2	誤	正	誤
3	誤	誤	正
4	正	誤	誤

(54) 塩酸の廃棄方法として、最も適切なものはどれか。

1 徐々に石灰乳等の攪拌溶液に加えて中和させた後、多量の水で希釈して処理する。
2 過剰の可燃性溶剤又は重油等の燃料とともに、アフターバーナー及びスクラバーを備えた焼却炉の火室へ噴霧してできるだけ高温で焼却する。
3 活性汚泥法により処理する。
4 水を加えて希薄な水溶液とし、酸で中和させた後、多量の水で希釈して処理する。

(55)　次のa～dのうち、劇物に該当するものとして、正しいものはどれか。

a　塩化水素を26%含有する製剤　　b　塩化水素を20%含有する製剤
c　塩化水素を14%含有する製剤　　d　塩化水素を8%含有する製剤

1　aのみ　　2　a、bのみ　　3　a、b、cのみ　　4　a、b、c、dすべて

問12　あなたの店舗では酢酸エチル及び過酸化水素水(過酸化水素35%を含む水溶液)を取り扱っています。次の(56)～(60)の問いに答えなさい。

(56)　「酢酸エチルの性状や規制区分について教えてください。」という質問を受けました。質問に対する回答の正誤について、正しい組合せはどれか。

a　果実様の芳香があります。
b　無色透明の液体です。
c　毒物に指定されています。

	a	b	c
1	正	正	正
2	正	正	誤
3	正	誤	誤
4	誤	誤	誤

(57)　「酢酸エチルの人体に対する影響について教えてください。」という質問を受けました。質問に対する回答の正誤について、正しい組合せはどれか。

a　皮膚に触れた場合、皮膚炎を起こすことがあります。
b　眼に入ると、粘膜を刺激することがあります。
c　吸入すると、麻酔状態になることがあります。

	a	b	c
1	正	正	正
2	正	正	誤
3	正	誤	正
4	誤	正	正

(58)　「酢酸エチルの取扱い及び保管上の注意事項について教えてください。」という質問を受けました。質問に対する回答の正誤について、正しい組合せはどれか。

a　引火しやすいので、火気から遠ざけて保管してください。
b　酸化剤と反応することがあるので、接触を避けて保管してください。
c　ガラスを腐食するので、プラスチック製の容器に保管してください。

	a	b	c
1	正	正	誤
2	誤	正	正
3	正	誤	誤
4	誤	正	誤

(59)　「過酸化水素水の性質について教えてください。」という質問を受けました。質問に対する回答として、最も適切なものはどれか。

1　強アルカリ性を示します。
2　金属に対して安定です。
3　強い麻酔作用があります。
4　酸化、還元の両作用を有しています。

(60)　「過酸化水素水の廃棄方法について教えてください。」という質問を受けました。質問に対する回答として、最も適切なものはどれか。

1　そのまま再生利用するため蒸留してください。
2　多量の水に希釈して処理してください。
3　硅そう土等に吸収させて焼却炉で焼却してください。
4　ナトリウム塩とした後、活性汚泥法で処理してください。

東京都
令和3年度

〔実　地〕

（一般）

問 11　次の(51)～(55)の毒物又は劇物の性状等に関する記述のうち、正しいものはどれか。

(51)　クロロ酢酸エチル

1　腐ったキャベツ様の悪臭を有する無色の気体である。官能基としてチオール基を有する。
2　潮解性を有する無色の結晶である。官能基としてカルボキシ基を有する。
3　無色又は淡褐色の液体である。官能基としてエステル基を有する。
4　水に可溶な黄褐色の固体である。官能基としてアミノ基を有する。

(52)　塩化ホスホリル

1　刺激臭のある無色の液体である。加水分解し、塩化水素と燐（りん）酸を生成する。
2　窒息性のある無色の気体である。加水分解し、二酸化炭素と塩化水素を生成する。
3　ビタミン臭のある無色の気体である。加水分解し、硼（ほう）酸と水素を生成する。
4　淡黄色の固体である。加水分解し、オキシ塩化アンチモンと塩化水素を生成する。

(53)　セレン化水素

1　ニンニク臭のある無色の気体である。ドーピングガスとして用いられる。
2　フェノール臭のある黄色の結晶である。染料の原料として用いられる。
3　黄緑色の気体である。紙・パルプの漂白剤として用いられる。
4　水に不溶な黒色の固体である。半導体原料として用いられる。

(54)　2，2'－ジピリジリウム－1，1'－エチレンジブロミド(ジクワットとも呼ばれる。)

1　無色又は褐色の液体である。殺虫剤として用いられる。
2　淡黄色の固体である。除草剤として用いられる。
3　暗赤色又は暗灰色の固体である。殺鼠（そ）剤として用いられる。
4　催涙性を有する無色透明又は淡黄色の油状の液体である。土壌燻（くん）蒸剤として用いられる。

(55)　五硫化二燐（りん）

1　暗褐色の液体である。バラ、たばこ等のウドンコ病の殺菌剤として用いられる。
2　淡黄色の固体である。選鉱剤として用いられる。
3　無色の気体である。樹脂の原料として用いられる。
4　無色の液体である。ポリウレタン繊維の製造原料として用いられる。

問 12　次の(56)～(60)の毒物又は劇物の性状等に関する記述のうち、正しいものはどれか。

(56)　シアナミド

1　吸湿性、潮解性を有する無色の固体である。化学式は H_2NCN である。
2　刺激臭を有する無色又は帯黄色の液体である。化学式は $CH_2=CHCHO$ である。
3　アンモニア臭を有する無色の気体である。化学式は CH_3NH_2 である。
4　エーテル様の臭気を有する無色の液体である。化学式は CH_3CN である。

(57) 過酸化尿素
1 無色又は淡黄色の液体である。最も適切な廃棄方法は中和法である。
2 腐った魚臭のする無色の気体である。最も適切な廃棄方法は燃焼法である。
3 水に不溶な淡青色の固体である。最も適切な廃棄方法は焙焼法である。
4 水に可溶な白色の固体である。最も適切な廃棄方法は希釈法である。

(58) 臭化銀
1 無色で刺激臭を有する気体である。加水分解し、硼酸を生成する。
2 淡黄色の固体である。光により分解して黒変する。
3 無色で刺激臭を有する液体である。加水分解し、塩化水素を生成する。
4 白色の固体である。加熱すると昇華する。

(59) ピクリン酸
1 揮発性のある無色の液体である。最も適切な廃棄方法は酸化沈殿法である。
2 金属光沢を持つ銀白色の軟らかい固体である。最も適切な廃棄方法は溶解中
和法である。
3 暗赤色の結晶である。最も適切な廃棄方法は還元沈殿法である。
4 淡黄色の光沢ある結晶である。最も適切な廃棄方法は燃焼法である。

(60) 硫酸ニコチン
1 無色針状の結晶である。病害虫に対する接触剤として用いられる。
2 赤褐色の液体である。化学合成繊維の難燃剤の原料として用いられる。
3 無色から黄色の液体である。防錆材として用いられる。
4 紅色の固体である。顔料として用いられる。

問13 4つの容器に A ～ D の物質が入っている。それぞれの物質は、亜硝酸イソプ
ロピル、ナトリウム、パラフェニレンジアミン、弗化水素酸のいずれかであり、
それぞれの性状等は次の表のとおりである。
(61)~(65)の問いに答えなさい。

物質	性　状　等
A	淡黄色の油性液体である。水に不溶である。
B	白色又は微赤色の板状結晶である。水に溶ける。
C	金属光沢をもつ銀白色の柔らかい固体である。
D	特有の刺激臭がある無色の液体である。水によく溶ける。

(61) A ～ D にあてはまる物質について、正しい組合せはどれか。

	A	B	C	D
1	ナトリウム	パラフェニレンジアミン	亜硝酸イソプロピル	弗化水素酸
2	ナトリウム	弗化水素酸	亜硝酸イソプロピル	パラフェニレンジアミン
3	亜硝酸イソプロピル	パラフェニレンジアミン	ナトリウム	弗化水素酸
4	亜硝酸イソプロピル	弗化水素酸	ナトリウム	パラフェニレンジアミン

(62) 物質Aの化学式として、正しいものはどれか。

    1   $C_6H_4(NH_2)_2$ 2 $(CH_3)_2CHNO_2$ 3   Na   4 $C_4H_9NO_2$

(63) 物質Cの保管方法として、最も適切なものはどれか。
    1 急熱や衝撃により爆発することがあるため、水中に沈めて保管する。
    2 ガラスを侵す性質があるので、ポリエチレン容器に入れて保管する。
    3 水と激しく反応するため、通常、石油中で保管する。
    4 光により重合するので、遮光して保管する。

(64) 物質Dの廃棄方法として、最も適切なものはどれか。
    1 燃焼法   2 活性汚泥法   3 固化隔離法   4 沈殿法

(65) 物質A～Dのうち、毒物及び劇物取締法上「毒物」に指定されているものの組合せはどれか。

    1 A、B   2 A、D   3 B、C   4 C、D

問 14 あなたの店舗では水酸化ナトリウム及び硝酸を取り扱っています。次の (66) ～ (70) の問いに答えなさい。

(66) 「水酸化ナトリウムの性状や規制区分について教えてください。」という質問を受けました。質問に対する回答の正誤について、正しい組合せはどれか。

a 白色の固体です。
b 潮解性があります。
c 水溶液は濃度にかかわらず劇物に指定されています。

	a	b	c
1	正	正	誤
2	正	誤	正
3	誤	正	正
4	誤	誤	正

(67) 「水酸化ナトリウムの人体に対する影響について教えてください。」という質問を受けました。質問に対する回答の正誤について、正しい組合せはどれか。

a 微粒子やミストを吸引すると、鼻、のど、気管支等に炎症を起こすことがあります。
b 皮膚に触れた場合、皮膚の炎症を起こすことがあります。
c 目に入った場合は失明することがあります。

	a	b	c
1	正	正	正
2	正	正	誤
3	正	誤	正
4	誤	正	正

(68) 「硝酸の性質について教えてください。」という質問を受けました。質問に対する回答の正誤について、正しい組合せはどれか。

a 加熱すると分解して有害な酸化窒素ガスを発生します。
b 金や白金と反応して水素ガスを発生します。
c 無色の液体です。

	a	b	c
1	正	正	正
2	正	誤	正
3	誤	正	正
4	誤	正	誤

(69) 「硝酸の取扱いの注意事項について教えてください。」という質問を受けました。質問に対する回答の正誤について、正しい組合せはどれか。

a ガラスを激しく腐食するので、ガラス容器を避けて保管してください。
b 有機化合物と激しく反応して、火災が発生したり爆発することがありますので、接触させないでください。
c 適切な保護具を着用し、屋外又は換気のよい場所でのみ使用してください。

	a	b	c
1	正	正	誤
2	正	誤	正
3	誤	正	正
4	誤	誤	正

(70) 「硝酸の廃棄方法について教えてください。」という質問を受けました。質問に対する回答として、最も適切なものはどれか。

1 焼却炉の火室へ噴霧し焼却します。
2 セメントで固化し、溶出試験を行い、溶出量が判定基準以下であることを確認して、埋立処分します。
3 徐々にソーダ灰又は消石灰の撹拌溶液に加えて中和させた後、多量の水で希釈して処理します。
4 多量の次亜塩素酸ナトリウム水溶液を用いて酸化分解します。

問15 4つの容器に A ～ D の物質が入っている。それぞれの物質は、イソキサチオン、酸化カドミウム（Ⅱ）、フルスルファミド、2－メルカプトエタノールのいずれかであり、それぞれの性状等は次の表のとおりである。
(71)～(75)の問に答えなさい。

物質	性　状　等
A	淡黄色の結晶性粉末である。水にほとんど溶けないが、アセトンにはよく溶ける。
B	赤褐色の粉末である。水に溶けないが、アンモニア水に溶ける。
C	淡黄褐色の液体である。水にほとんど溶けないが、アセトンにはよく溶ける。
D	特徴的臭気のある無色の液体である。水、ベンゼンに溶ける。

イソキサチオン:ジエチル－（5－フェニル－3－イソキサゾリル）－チオホスフェイト
フルスルファミド:2'，4－ジクロロ－α，α，α－トリフルオロ－4'－ニトロメタトルエンスルホンアニリド

(71) A ～ D にあてはまる物質について、正しい組合せはどれか。

	A	B	C	D
1	フルスルファミド	酸化カドミウム（Ⅱ）	イソキサチオン	2－メルカプトエタノール
2	フルスルファミド	イソキサチオン	酸化カドミウム（Ⅱ）	2－メルカプトエタノール
3	2－メルカプトエタノール	酸化カドミウム（Ⅱ）	イソキサチオン	フルスルファミド
4	2－メルカプトエタノール	イソキサチオン	酸化カドミウム（Ⅱ）	フルスルファミド

(72)　物質 A の化学式として、正しいものはどれか。

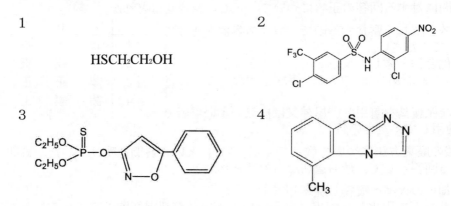

1

HSCH₂CH₂OH

2

3

4

(73)　物質 B の廃棄方法として、最も適切なものはどれか。

　　1　沈殿法　　　2　中和法　　　3　活性汚泥法　　　4　固化隔離法

(74)　次の a ～ d のうち、物質 C の中毒時の解毒に用いられる物質はどれか。正しいものの組合せを選びなさい。

　　a　メチレンブルー　　　　　　　　　　b　硫酸アトロピン
　　c　1％フェロシアン化カリウム溶液
　　d　2－ピリジルアルドキシムメチオダイド(別名：PAM)

　　1　a、c　　　　2　a、d　　　　3　b、c　　　　4　b、d

(75)　物質 D の主な用途として、正しいものはどれか。

　　1　除草剤　　　2　電気めっき　　　3　殺虫剤　　　4　化学繊維・樹脂添加剤

（農業用品目）

問 10　次の(46)～(50)の記述にあてはまる農薬の成分を次の「選択肢」からそれぞれ選びなさい。

(46)　劇物に指定されている。50％含有の粒剤、60％含有の水溶剤が市販されている。一年生及び多年生雑草に適用される非選択性の接触型除草剤の成分である。

(47)　0.5％以下を含有するものを除き、劇物に指定されている。5％含有の乳剤が市販されている。はくさいのアオムシ、いんげんまめのアブラムシ類等に適用されるピレスロイド系殺虫剤の成分である。

(48)　毒物(0.005％以下を含有するものは劇物)に指定されている。0.005％含有の粒剤が市販されている。野ねずみに適用される殺鼠剤の成分である。

(49)　3％以下を含有するものを除き、劇物に指定されている。30％含有の水和剤が市販されている。果樹のシンクイムシ類、茶のチャノホソガ等に適用されるネオニコチノイド系殺虫剤の成分である。

(50) 劇物に指定されている。99.5%含有の燻蒸剤が市販されている。土壌病原菌、センチュウ等の駆除等に用いられる土壌燻蒸剤の成分である。

【選択肢】
1　３－（６－クロロピリジン－３－イルメチル）－１，３－チアゾリジン－２－イリデンシアナミド(別名：チアクロプリド)
2　クロルピクリン
3　２－ジフェニルアセチル－１，３－インダンジオン
　　（ダイファシノンとも呼ばれる。）
4　塩素酸ナトリウム
5　α－シアノ－４－フルオロ－３－フェノキシベンジル＝３－（２，２－ジクロロビニル）－２，２－ジメチルシクロプロパンカルボキシラート
　　（シフルトリンとも呼ばれる。）

問 11　4つの容器に A ～ D の物質が入っている。それぞれの物質は、農薬の成分のイソキサチオン、カルタップ、ジクワット、トリシクラゾールのいずれかであり、それぞれの性状・性質及び用途は次の表のとおりである。
(51)～(55)の問いに答えなさい。

物質	性状・性質	用途
A	淡黄褐色又は微黄色の液体で、水にほとんど溶けない。	樹木類のカイガラムシ類やキャベツのネキリムシ類等の駆除を目的とした有機燐（りん）系殺虫剤として用いられる。
B	無色の結晶で、水に溶けにくい。	主に稲のいもち病の殺菌剤として用いられる。
C	淡黄色の結晶で、水に溶けやすい。	除草剤として用いられる。
D	無色又は白色の固体である。水に溶けやすく、エーテル、ベンゼンにほとんど溶けない。	稲のニカメイチュウ、ほうれんそうのミナミキイロアザミウマ等の駆除を目的としたネライストキシン系殺虫剤として用いられる。

イソキサチオン：ジエチル－（５－フェニル－３－イソキサゾリル）－チオホスフェイト
カルタップ：１，３－ジカルバモイルチオ－２－(N,N－ジメチルアミノ)-プロパン塩酸塩
ジクワット：２，２'－ジピリジリウム－１，１'－エチレンジブロミド
トリシクラゾール：５－メチル－１，２，４－トリアゾロ［３，４-b］ベンゾチアゾール

(51)　A ～ D にあてはまる物質について、正しい組合せはどれか。

	A	B	C	D
1	イソキサチオン	ジクワット	トリシクラゾール	カルタップ
2	イソキサチオン	トリシクラゾール	ジクワット	カルタップ
3	カルタップ	ジクワット	トリシクラゾール	イソキサチオン
4	カルタップ	トリシクラゾール	ジクワット	イソキサチオン

(52) 物質 A の中毒時の解毒に用いられる物質として、最も適切なものはどれか。

1 ジメルカプロール(BAL とも呼ばれる。)
2 2－ピリジルアルドキシムメチオダイド(別名：PAM)
3 メチレンブルー
4 L－システイン

(53) 物質 B を含有する製剤の毒物及び劇物取締法上の規制区分について、正しいものはどれか。

1 劇物に指定されている。
2 劇物に指定されている。ただし、8％以下を含有するものを除く。
3 毒物に指定されている。
4 毒物に指定されている。ただし、8％以下を含有するものは劇物に指定されている。

(54) 物質 C の廃棄方法として、最も適切なものはどれか。

1 木粉(おが屑)等に吸収させてアフターバーナー及びスクラバーを具備した焼却炉で焼却する。
2 少量の界面活性剤を加えた亜硫酸ナトリウムと炭酸ナトリウムの混合溶液中で撹拌し分解させた後、多量の水で希釈して処理する。
3 チオ硫酸ナトリウムの水溶液に希硫酸を加えて酸性にし、この中に少量ずつ投入する。反応終了後、反応液を中和し多量の水で希釈して処理する。
4 水に溶かし、消石灰、ソーダ灰等の水溶液を加えて処理し、沈殿濾過して埋立処分する。

(55) 物質 D の化学式として、正しいものはどれか。

1

2

3

4

問12 あなたの店舗では、2－(1－メチルプロピル)－フェニル－N－メチルカルバメート(フェノブカルブ、BPMC とも呼ばれる。)のみを有効成分として含有する農薬を取り扱っています。

(56)～(60)の問いに答えなさい。

(56) 2－(1－メチルプロピル)－フェニル－N－メチルカルバメートを含有する製剤の毒物及び劇物取締法上の規制区分について、正しいものはどれか。

1 毒物に指定されている。
2 毒物に指定されている。ただし、2％(マイクロカプセル製剤にあっては、15％)以下を含有するものは劇物に指定されている。
3 劇物に指定されている。
4 劇物に指定されている。ただし、2％(マイクロカプセル製剤にあっては、15％)以下を含有するものを除く。

(57) 2－(1－メチルプロピル)－フェニル－N－メチルカルバメートの化学式として、正しいものはどれか。

1

2

3

4

(58) この農薬の主な用途として、正しいものはどれか。

1 殺鼠剤　　2 除草剤　　3 殺虫剤　　4 植物成長調整剤

(59) 2－(1－メチルプロピル)－フェニル－N－メチルカルバメートの中毒時の解毒に用いられる物質として、最も適切なものはどれか。

1 チオ硫酸ナトリウム　　　2 硫酸アトロピン
3 ビタミンK_1　　　　　　4 グルタチオン

(60) 2－(1－メチルプロピル)－フェニル－N－メチルカルバメートの廃棄方法として、最も適切なものはどれか。

1 水に溶かし、硫酸第一鉄の水溶液を加えて処理し、沈殿濾過して埋立処分する。
2 多量の水を加え希薄な水溶液とした後、次亜塩素酸塩水溶液を加え分解させ廃棄する。
3 そのまま再利用するため蒸留する。
4 水酸化ナトリウム水溶液と加温して加水分解する。

（特定品目）

問10　4つの容器にA～Dの物質が入っている。それぞれの物質は、重クロム酸カリウム、蓚酸(二水和物)、トルエン、硫酸のいずれかであり、それぞれの性状・性質及び廃棄方法の例は次の表のとおりである。(46)～(50)の問いに答えなさい。

物質	性状・性質	廃 棄 方 法 の 例
A	橙赤色の結晶である。水に溶ける。	希硫酸に溶かし、硫酸第一鉄等の水溶液を過剰に用いて還元する。消石灰等の水溶液で処理し、沈殿濾過する。溶出試験を行い、溶出量が判定基準以下であることを確認して埋立処分する。
B	無色の固体である。エタノールに溶ける。	ナトリウム塩とした後、活性汚泥で処理する。
C	無色の油状の液体である。空気中の水分を吸収する。	徐々に石灰乳などの撹拌溶液に加え、中和させた後、多量の水で希釈して処理する。
D	無色の液体であり、水にほとんど溶けない。ベンゼン臭がある。	アフターバーナー及びスクラバーを具備した焼却炉の火室へ噴霧し焼却する。

(46)　A～Dにあてはまる物質について、正しい組合せはどれか。

	A	B	C	D
1	蓚酸(二水和物)	重クロム酸カリウム	硫酸	トルエン
2	蓚酸(二水和物)	重クロム酸カリウム	トルエン	硫酸
3	重クロム酸カリウム	蓚酸(二水和物)	硫酸	トルエン
4	重クロム酸カリウム	蓚酸(二水和物)	トルエン	硫酸

(47)　物質Aの化学式として、正しいものはどれか。

1　PbO　　2　$K_2Cr_2O_7$　　3　$(COOH)_2 \cdot 2H_2O$　　4　Na_2SiF_6

(48)　物質Bに関する記述の正誤について、正しい組合せはどれか。

a　加熱すると分解し、ハロゲンを含むガスを発生する。
b　水溶液をアンモニア水で弱アルカリ性にして塩化カルシウムを加えると、白色の沈澱を生じる。
c　水溶液は過マンガン酸カリウムの溶液を退色する。

	a	b	c
1	正	正	誤
2	正	誤	正
3	誤	正	正
4	誤	正	誤

(49)　物質Cに関する記述の正誤について、正しい組合せはどれか。

a　不燃性の液体である。
b　10%を超えて含有する製剤は、毒物及び劇物取締法により、劇物に指定されている。
c　比重は水より小さい。

	a	b	c
1	正	正	誤
2	正	誤	誤
3	誤	正	誤
4	誤	誤	正

(50) 物質Dに関する記述の正誤について、正しい組合せはどれか。

a 構造式にベンゼン環を含む。
b 毒物に指定されている。
c 熱源や着火源から離れた通風のよい乾燥した場所に
　　保管する。

	a	b	c
1	正	正	誤
2	正	誤	正
3	誤	正	正
4	誤	誤	誤

問11　次は、ホルムアルデヒド及びホルムアルデヒド水溶液(ホルムアルデヒドを37%
　　　含有する水溶液)に関する記述である。
　　　　(51)～(55)の問いに答えなさい。

(51)　次の記述の（①）～（③）にあてはまる字句として、正しい組合せはどれか。

　　ホルムアルデヒドは、（①）で（②）気体である。ホルムアルデヒドの化学式は
　（③）である。

---

	①	②	③
1	黄緑色	無臭の	HCHO
2	無色	無臭の	HCOOH
3	黄緑色	刺激臭を有する	HCOOH
4	無色	刺激臭を有する	HCHO

(52)　次のa～dのうち、ホルムアルデヒド水溶液の性質として適切なものはどれか。
　　　正しいものの組合せを選びなさい。

a ガラスを腐食するので、ガラス製の容器には保管できない。
b 空気中の酸素によって一部酸化されて、酢酸を生成する。
c 冷所では重合し、混濁するので常温で保管する。
d フェーリング溶液とともに熱すると、赤色の沈殿を生じる。

　　1　a、b　　　2　a、c　　　3　b、d　　　4　c、d

(53)　ホルムアルデヒド水溶液の用途として、最も適切なものはどれか。

　　1　ロケット燃料　　　2　漂白剤　　　3　アルキル化剤　　　4　防腐剤

(54)　ホルムアルデヒド水溶液の廃棄方法について、最も適切なものはどれか。

　　1　水を加えて希薄な水溶液とし、酸と中和させた後、多量の水で希釈して処理
　　　する。
　　2　還元焙焼法により金属として回収する。
　　3　セメントで固化し、溶出試験を行い、溶出量が判定基準以下であることを確
　　　認して、埋立処分する。
　　4　アフターバーナーを具備した焼却炉の火室へ噴霧し、焼却する。

(55)　次のa～dのうち、劇物に該当するものとして、正しいものはどれか。

a ホルムアルデヒドを10%含有する製剤
b ホルムアルデヒドを2%含有する製剤
c ホルムアルデヒドを0.5%含有する製剤
d ホルムアルデヒドを0.1%含有する製剤

　　1　aのみ　　　2　a、bのみ　　　3　a、b、cのみ　　　　4　a、b、c、dすべて

問 12 あなたの店舗では水酸化ナトリウム及び硝酸を取り扱っています。次の (56)
～ (60) の問いに答えなさい。

(56) 「水酸化ナトリウムの性状や規制区分について教えてください。」という質問
を受けました。質問に対する回答の正誤について、正
しい組合せはどれか。

a 白色の固体です。
b 潮解性があります。
c 水溶液は濃度にかかわらず劇物に指定されています。

	a	b	c
1	正	正	誤
2	正	誤	正
3	誤	正	正
4	誤	誤	正

(57) 「水酸化ナトリウムの人体に対する影響について教えてください。」という質
問を受けました。質問に対する回答の正誤について、正しい組合せはどれか。

a 微粒子やミストを吸引すると、鼻、のど、気管支等
に炎症を起こすことがあります。
b 皮膚に触れた場合、皮膚の炎症を起こすことがあり
ます。
c 目に入った場合は失明することがあります。

	a	b	c
1	正	正	正
2	正	正	誤
3	正	誤	正
4	誤	正	正

(58) 「硝酸の性質について教えてください。」という質問を受けました。質問に対
する回答の正誤について、正しい組合せはどれか。

a 加熱すると分解して有害な酸化窒素ガスを発生します。
b 金や白金と反応して水素ガスを発生します。
c 無色の液体です。

	a	b	c
1	正	正	正
2	正	誤	正
3	誤	正	正
4	誤	正	誤

(59) 「硝酸の取扱いの注意事項について教えてください。」という質問を受けまし
た。質問に対する回答の正誤について、正しい組合せはどれか。

a ガラスを激しく腐食するので、ガラス容器を避け
て保管してください。
b 有機化合物と激しく反応して、火災が発生したり
爆発することがありますので、接触させないでくだ
さい。
c 適切な保護具を着用し、屋外又は換気のよい場所
でのみ使用してください。

	a	b	c
1	正	正	誤
2	正	誤	正
3	誤	正	正
4	誤	誤	正

(60) 「硝酸の廃棄方法について教えてください。」という質問を受けました。質問
に対する回答として、最も適切なものはどれか。

1 焼却炉の火室へ噴霧し焼却します。
2 セメントで固化し、溶出試験を行い、溶出量が判定基準以下であること を
確認して、埋立処分します。
3 徐々にソーダ灰又は消石灰の撹拌溶液に加えて中和させた後、多量の水で
希釈して処理します。
4 多量の次亜塩素酸ナトリウム水溶液を用いて酸化分解します。

東京都
令和4年度

〔実　地〕

（一般）

問 11　次の(51)〜(55)の毒物又は劇物の性状等に関する記述のうち、正しいものはどれか。

(51)　シアン化カリウム
1　無色の刺激臭を有する気体である。水に溶けやすい。
2　黄橙色の粉末である。水に不溶である。
3　無色又は白色の結晶である。水に溶けやすい。
4　無色の刺激臭を有する液体である。水に混和する。

(52)　ピクリン酸アンモニウム
1　無色でクロロホルムに似た刺激臭のある液体である。最も適切な廃棄方法は活性汚泥法である。
2　無色又は白色の固体である。最も適切な廃棄方法は沈殿隔離法である。
3　黄色又は赤色の固体である。最も適切な廃棄方法は燃焼法である。
4　白色の固体である。最も適切な廃棄方法は中和法である。

(53)　五塩化アンチモン
1　淡黄色の液体である。化学式は $SbCl_5$ である。
2　無色の気体である。化学式は $AsCl_5$ である。
3　淡黄色の結晶である。化学式は PCl_5 である。
4　緑色の粉末である。化学式は $CuHAsO_3$ である。

(54)　ブロムエチル
1　白色の結晶である。接触性殺虫剤として用いられる。
2　無色無臭の光輝ある葉状結晶である。殺鼠剤として用いられる。
3　無色の気体である。殺菌剤として用いられる。
4　無色又はわずかに黄色の液体である。アルキル化剤として用いられる。

(55)　三塩化チタン
1　淡黄色の固体である。光により分解して黒変する。
2　暗紫色又は暗赤紫色の潮解性結晶である。大気中で酸化して白煙を発生する。
3　無色の刺激臭のある気体である。水により分解し、弗化水素と硼酸を生成する。
4　銀白色の液体の金属である。ナトリウムと合金をつくる。

問 12　次の(56)〜(60)の毒物又は劇物の性状等に関する記述のうち、正しいものはどれか。

(56)　アクリルニトリル
1　無臭又はわずかに刺激臭のある無色の液体である。合成繊維や合成樹脂の原料として用いられる。
2　強アンモニア臭のある気体である。界面活性剤の原料として用いられる。
3　白色の結晶性粉末である。殺鼠剤として用いられる。
4　黄色から赤色の固体である。触媒として用いられる。

(57) オルトケイ酸テトラメチル

1 白色の結晶状粉末である。殺虫剤として用いられる。
2 赤色又は黄色の粉末である。塗料として用いられる。
3 黄緑色の気体である。漂白剤(さらし粉)の原料として用いられる。
4 無色の液体である。高純度合成シリカ原料に用いられる。

(58) 2－イソプロピル－4－メチルピリミジル－6－ジエチルチオホスフェイト
(別名：ダイアジノン)

1 黄色から赤色の固体である。最も適切な廃棄方法は固化隔離法である。
2 白色又は淡黄褐色の固体である。最も適切な廃棄方法はアルカリ法である。
3 無色、腐魚臭の気体である。最も適切な廃棄方法は酸化法である。
4 無色の液体である。最も適切な廃棄方法は燃焼法である。

(59) 水素化砒素

1 ニンニク臭の無色の気体である。アルシンとも呼ばれる。
2 黒褐色の固体である。ウラリとも呼ばれる。
3 白色の結晶性粉末である。ダゾメットとも呼ばれる。
4 暗緑色の結晶性粉末である。マラカイトとも呼ばれる。

(60) アジ化ナトリウム

1 特徴的臭気のある無色の液体である。化学繊維・樹脂添加剤として用いられる。
2 黒灰色又は黒紫色の金属様の光沢をもつ結晶である。アニリン色素の製造に用いられる。
3 無色の固体である。防腐剤として用いられる。
4 無色又は帯黄色の液体である。医薬品の製造原料として用いられる。

問13 4つの容器に A ～ D の物質が入っている。それぞれの物質は、クロルスルホン酸、ジボラン、ベタナフトール、燐化亜鉛のいずれかであり、それぞれの性状等は次の表のとおりである。
(61)～(65)の問いに答えなさい。

物質	性　状　等
A	無色又は白色の固体である。特異臭があり、水に溶けにくく、エタノールには容易に溶ける。
B	暗赤色から暗灰色の結晶性粉末である。塩酸と反応してホスフィンを発生する。
C	無色又は淡黄色の液体である。水と爆発的に分解反応を起こす。
D	無色のビタミン臭を有する気体である。水により加水分解し、硼酸と水素を生成する。

(61) A ～ D にあてはまる物質について、正しい組合せはどれか。

	A	B	C	D
1	ベタナフトール	ジボラン	クロルスルホン酸	燐化亜鉛
2	クロルスルホン酸	燐化亜鉛	ベタナフトール	ジボラン
3	クロルスルホン酸	ジボラン	ベタナフトール	燐化亜鉛
4	ベタナフトール	燐化亜鉛	クロルスルホン酸	ジボラン

(62) 物質 A の化学式として、正しいものはどれか。

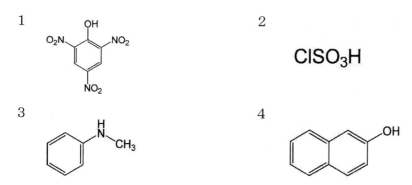

1

2

ClSO₃H

3

4

(63) 物質 B の主な用途として、正しいものはどれか。
1 殺鼠剤　　2 スルホン化剤　　3 特殊材料ガス　　4 除草剤

(64) 物質 C の廃棄方法として、最も適切なものはどれか。
1 ナトリウム塩とした後、活性汚泥で処理する。
2 蒸留して回収し、再利用する。
3 耐食性の細い導管よりガス発生がないように少量ずつ、多量の水中深く流す装置を用い希釈してからアルカリ水溶液で中和する。
4 多量の水で希釈して処理する。

(65) 物質 D を含有する製剤の毒物及び劇物取締法上の規制区分について、正しいものはどれか。
1 劇物に指定されている。
2 劇物に指定されている。ただし、1％以下を含有するものを除く。
3 劇物に指定されている。ただし、1％以下を含有し、黒色に着色され、かつ、トウガラシエキスを用いて著しくからく着味されているものを除く。
4 毒物に指定されている。

問 14 あなたの店舗ではトルエンを取り扱っています。次の (66) ～ (70) の問いに答えなさい。

(66) 「性状や規制区分等について教えてください。」という質問を受けました。質問に対する回答の正誤について、正しい組合せはどれか。

a 無色でベンゼン臭のある液体です。
b 不燃性です。
c 毒物に指定されています。

	a	b	c
1	正	誤	誤
2	誤	正	誤
3	正	誤	正
4	誤	誤	誤

(67) 「人体に対する影響について教えてください。」という質問を受けました。質問に対する回答の正誤について、正しい組合せはどれか。

a 皮膚に触れた場合、皮膚を刺激し、炎症を起こすことがあります。
b 吸入すると、麻酔状態になることがあります。
c 目に入ると、粘膜を刺激することがあります。

	a	b	c
1	正	正	正
2	正	誤	誤
3	誤	正	誤
4	誤	誤	正

(68) 「取扱いの注意事項について教えてください。」という質問を受けました。質問に対する回答の正誤について、正しい組合せはどれか。

a ガラスを腐食するので、プラスチック製の容器に保管してください。
b 水と接触すると多量の熱を発生するので、水と混合しないでください。
c 酸化剤と反応することがあるので、接触を避けてください。

	a	b	c
1	正	誤	誤
2	誤	正	誤
3	誤	誤	正
4	誤	正	正

(69) 「性質について教えてください。」という質問を受けました。質問に対する回答の正誤について、正しい組合せはどれか。

a 融点が約 10 ℃のため、冬期に凝固することがあります。
b 揮発した蒸気は空気より重いです。
c ジエチルエーテルによく溶けます。

	a	b	c
1	正	正	誤
2	正	誤	正
3	誤	正	正
4	誤	誤	誤

(70) 「廃棄方法について教えてください。」という質問を受けました。質問に対する回答として、最も適切なものはどれか。

1 ナトリウム塩とした後、活性汚泥で処理します。
2 セメントを用いて固化し、溶出試験を行い、溶出量が判定基準以下であることを確認して埋立処分します。
3 希硫酸に溶かし、クロム酸を遊離させ、還元剤の水溶液を過剰に用いて還元した後、水酸化カルシウムでの水溶液で処理し、沈殿濾過します。
4 焼却炉の火室へ噴霧し焼却します。

問 15　4つの容器に A ～ D の物質が入っている。それぞれの物質は、黄燐、過酸化尿素、フェンチオン、ホスゲンのいずれかであり、それぞれの性状等は次の表のとおりである。
　　　(71)～(75)の問に答えなさい。

物質	性　状　等
A	特有の青草臭を有する窒息性の気体である。水があると加水分解し、塩化水素を発生する。
B	弱いニンニク臭を有する褐色の液体である。多くの有機溶媒に溶けるが、水にほとんど溶けない。
C	白色から淡黄色のロウ状の固体である。ニンニク臭があり、水にほとんど溶けない。
D	白色の固体である。水に溶ける。空気中で尿素、水及び酸素に分解することがある。

フェンチオン：ジメチル－4－メチルメルカプト－3－メチルフェニルチオホスフェイト

(71)　A ～ D にあてはまる物質について、正しい組合せはどれか。

	A	B	C	D
1	ホスゲン	フェンチオン	過酸化尿素	黄燐
2	ホスゲン	フェンチオン	黄燐	過酸化尿素
3	フェンチオン	ホスゲン	過酸化尿素	黄燐
4	フェンチオン	ホスゲン	黄燐	過酸化尿素

(72)　物質 A の化学式として、正しいものはどれか。

1

2

CCl_3CO_2H

3

CH_3NH_2

4

$COCl_2$

(73)　次の a ～ d のうち、物質 B の中毒時の解毒に用いられる物質はどれか。正しいものの組合せを選びなさい。

　　a　メチレンブルー　　　　　　　　b　硫酸アトロピン
　　c　1％フェロシアン化カリウム溶液
　　d　2－ピリジルアルドキシムメチオダイド(別名：PAM)

　　1　a、c　　　　2　a、d　　　　3　b、c　　　　4　b、d

(74) 物質Cの廃棄方法として、最も適切なものはどれか。

   1 燃焼法   2 希釈法   3 固化隔離法   4 回収法

(75) 物質A～Dに関する毒物及び劇物取締法上の規制区分について、正しいものはどれか。

   1 物質A、Bは毒物、物質C、Dは劇物である。
   2 物質A、Cは毒物、物質B、Dは劇物である。
   3 物質C、Dは毒物、物質A、Bは劇物である。
   4 すべて劇物である。

（農業用品目）

問10 次の(46)～(50)の記述にあてはまる農薬の成分を次の「選択肢」からそれぞれ選びなさい。

(46) 毒物(1.8%以下を含有するものは劇物)に指定されている。1.8%含有の乳剤、水和剤が市販されている。かんきつのミカンサビダニ、アザミウマ類等に適用されるマクロライド系殺虫剤の成分である。

(47) 劇物に指定されている。50%含有の粒剤、60%含有の水溶剤が市販されている。一年生及び多年生雑草に適用される非選択性の接触型除草剤の成分である。

(48) 2%以下を含有するものを除き、劇物に指定されている。20%含有の水溶剤、18%含有の液剤、15%含有の燻煙剤が市販されている。液剤はかんきつ及びばれいしょのアブラムシ類等に、燻煙剤はいちご及びピーマンのアブラムシ類等に適用されるネオニコチノイド系殺虫剤の成分である。

(49) 8%以下を含有するものを除き、劇物に指定されている。20%含有の水和剤が市販されている。稲のいもち病に適用される殺菌剤の成分である。

(50) 毒物(45%以下を含有するものは劇物)に指定されている。45%含有の水和剤、1.5%含有の粉粒剤が市販されている。かんしょのハスモンヨトウやキャベツのアブラムシ類等に適用されるカーバメート系殺虫剤の成分である。

【選択肢】
   1 アバメクチン
   2 S－メチル－N－[(メチルカルバモイル)－オキシ]－チオアセトイミデート
     (別名：メトミル)
   3 トランス－N－(6－クロロ－3－ピリジルメチル)－N'－シアノ－N－メチルアセトアミジン(別名：アセタミプリド)
   4 塩素酸ナトリウム
   5 5－メチル－1,2,4－トリアゾロ[3,4－b]ベンゾチアゾール
     (別名：トリシクラゾール)

問 11　4つの容器に A ～ D の物質が入っている。それぞれの物質は、農薬の成分の
　　　カルボスルファン、クロルメコート、燐化亜鉛、BPMC のいずれかであり、それ
　　　ぞれの性状・性質及び用途は次の表のとおりである。
　　　(51)～(55)の問いに答えなさい。

物質	性状・性質	用途
A	白色又はわずかにうすい黄色の固体である。アセトンに可溶で、水にほとんど溶けない。	稲のツマグロヨコバイ、ウンカ類等の殺虫剤として用いられる。
B	褐色の粘稠液体である。水にほとんど溶けない。	水稲(箱育苗)のイネミズゾウムシ等の殺虫剤として用いられる。
C	暗赤色から暗灰色の結晶性粉末であり、水に極めて溶けにくい。塩酸と反応してホスフィンを発生する。	殺鼠剤として用いられる。
D	白色又は淡黄色の固体である。エーテルに不溶で、水によく溶ける。	小麦の植物成長調整剤として用いられる。

カルボスルファン：2,3－ジヒドロー2,2－ジメチルー7－ベンゾ[b]フラニルー N －ジブチルアミ
　　　　　　　　　ノチオー N －メチルカルバマート
クロルメコート　：2－クロルエチルトリメチルアンモニウムクロリド
BPMC　　　　　：2－(1－メチルプロピル)－フェニルー N －メチルカルバメート

(51)　A ～ D にあてはまる物質について、正しい組合せはどれか。

	A	B	C	D
1	燐化亜鉛	クロルメコート	BPMC	カルボスルファン
2	BPMC	クロルメコート	燐化亜鉛	カルボスルファン
3	BPMC	カルボスルファン	燐化亜鉛	クロルメコート
4	燐化亜鉛	カルボスルファン	BPMC	クロルメコート

(52)　物質 A の中毒時の解毒に用いられる物質として、最も適切なものはどれか。

　　1　ジメルカプロール(BAL とも呼ばれる。)
　　2　L－システイン
　　3　メチレンブルー
　　4　硫酸アトロピン

(53)　物質 B を含有する製剤の毒物及び劇物取締法上の規制区分について、正しい
　　　ものはどれか。
　　1　毒物に指定されている。
　　2　毒物に指定されている。ただし、2％以下を含有するものは劇物に指定され
　　　ている。
　　3　毒物に指定されている。
　　4　劇物に指定されている。ただし、2％以下を含有するものを除く。

(54) 物質Cの廃棄方法として、最も適切なものはどれか。

1　水酸化ナトリウム水溶液と加温して加水分解する。
2　少量の界面活性剤を加えた亜硫酸ナトリウムと炭酸ナトリウムの混合溶液中で撹拌し分解させた後、多量の水で希釈して処理する。
3　セメントを用いて固化し、埋立処分する。
4　木粉（おが屑）等の可燃物に混ぜて、スクラバーを備えた焼却炉で焼却する。

(55)　物質Dの化学式として、正しいものはどれか。

1

2

$\left[Cl-CH_2-CH_2-\overset{CH_3}{\underset{CH_3}{\overset{|}{\underset{|}{N^+}}}}-CH_3 \right] \cdot Cl^-$

3

4

$Zn=P-Zn=P-Zn$

問12　あなたの店舗では、1,3－ジカルバモイルチオ－2－(N,N－ジメチルアミノ)－プロパン塩酸塩（カルタップとも呼ばれる。）のみを有効成分として含有する農薬を取り扱っています。
　　(56)～(60)の問いに答えなさい。

(56)　1,3－ジカルバモイルチオ－2－(N,N－ジメチルアミノ)－プロパン塩酸塩を含有する製剤の毒物及び劇物取締法上の規制区分について、正しいものはどれか。

1　毒物に指定されている。
2　毒物に指定されている。ただし、1,3－ジカルバモイルチオ－2－(N,N－ジメチルアミノ)－プロパンとして2％以下を含有するものは劇物に指定されている。
3　劇物に指定されている。
4　劇物に指定されている。ただし、1,3－ジカルバモイルチオ－2－(N,N－ジメチルアミノ)－プロパンとして2％以下を含有するものを除く。

(57) 1,3－ジカルバモイルチオ－2－(N,N－ジメチルアミノ)－プロパン塩酸塩の化学式として、正しいものはどれか。

1

CH₃ ＞ N － CH ＜ CH₂SCONH₂ / CH₂SCONH₂ ・HCl

2

[構造式] ・2Br⁻

3

[CH₃⁺N＝pyridine－pyridine N⁺CH₃] ・2Cl⁻

4

[構造式] CH₃

(58) この農薬の主な用途として、正しいものはどれか。
　　1　殺鼠剤　　　2　除草剤　　　3　殺虫剤　　　4　植物成長調整剤

(59) 1,3－ジカルバモイルチオ－2－(N,N－ジメチルアミノ)－プロパン塩酸塩の性状として、正しいものはどれか。
　　1　赤色又は赤褐色の固体　　　2　無色又は白色の固体
　　3　無色透明の液体　　　　　　4　黄褐色の液体

(60) 1,3－ジカルバモイルチオ－2－(N,N－ジメチルアミノ)－プロパン塩酸塩の廃棄方法として、最も適切なものはどれか。

　　1　そのままあるいは水に溶解して、スクラバーを具備した焼却炉の火室へ噴霧し、焼却する。
　　2　多量の水で希釈し、希塩酸を加えて中和後、活性汚泥で処理する。
　　3　セメントを用いて固化し、埋立処分する。
　　4　水に溶かし、硫酸第一鉄の水溶液を加えて処理し、沈殿濾過して埋立処分する。

（特定品目）

問10　4つの容器にA〜Dの物質が入っている。それぞれの物質は塩化水素、キシレン、クロム酸鉛、硅弗化ナトリウムのいずれかであり、それぞれの性状・性質及び廃棄方法の例は次の表のとおりである。

(46)〜(50)の問いに答えなさい。

物質	性状・性質	廃 棄 方 法 の 例
A	黄色又は赤黄色の粉末である。水にほとんど溶けない。	希硫酸に溶かし、硫酸第一鉄等の水溶液を過剰に用いて還元する。水酸化カルシウム、炭酸ナトリウム等の水溶液で処理し、沈殿濾過する。溶出試験を行い、溶出量が判定基準以下であることを確認して埋立処分する。
B	無色の気体である。刺激臭がある。水に溶ける。	徐々に石灰乳等の撹拌溶液に加え中和させた後、多量の水で希釈して処理する。
C	無色透明な液体である。水にほとんど溶けない。	硅そう土等に吸収させて開放型の焼却炉で少量ずつ焼却する。
D	白色の固体である。水に溶けにくい。	水に溶かし、水酸化カルシウム等の水溶液を加えて処理した後、希硫酸を加えて中和し、沈殿濾過して埋立処分する。

(46)　A〜Dにあてはまる物質について、正しい組合せはどれか。

	A	B	C	D
1	クロム酸鉛	塩化水素	キシレン	硅弗化ナトリウム
2	クロム酸鉛	塩化水素	硅弗化ナトリウム	キシレン
3	塩化水素	クロム酸鉛	キシレン	硅弗化ナトリウム
4	塩化水素	クロム酸鉛	硅弗化ナトリウム	キシレン

(47)　物質Aの化学式として、正しいものはどれか。

1　HCl　　2　$PbCrO_4$　　3　K_2CrO_4　　4　$Pb(CH_3COO)_2$

(48)　物質Bに関する記述の正誤について、正しい組合せはどれか。

a　水溶液は金属を腐食し、水素を発生する。
b　引火性がある。
c　毒物に指定されている。

	a	b	c
1	正	誤	誤
2	誤	正	誤
3	誤	誤	正
4	正	正	誤

(49)　物質Cに関する記述の正誤について、正しい組合せはどれか。

a　異性体はオルト体、パラ体の2種のみ存在する。
b　パラ体の凝固点は約13℃であり、冬季に固結することがある。
c　加熱分解により、一酸化炭素や二酸化炭素を発生する。

	a	b	c
1	正	正	正
2	正	正	誤
3	誤	誤	正
4	誤	正	正

(50) 物質Dに関する記述として、正しいものはどれか。

1 酸と接触すると分解し、硫黄酸化物を発生する。
2 酸と接触すると分解し、鉛やクロム酸化物を発生する。
3 酸と接触すると分解し、酸化窒素ガスを発生する。
4 酸と接触すると分解し、ハロゲンを含むガスを発生する。

問11 次は、アンモニア及びアンモニア水(アンモニア25%を含有する水溶液)に関する記述である。
   (51)〜(55)の問いに答えなさい。

(51) 次の記述の (①) 〜 (③) にあてはまる字句として、正しい組合せはどれか。

> アンモニアの化学式は(①)である。(②)で刺激臭のある(③)である。

	①	②	③
1	HNO_3	無色	固体
2	NH_3	赤褐色	固体
3	HNO_3	赤褐色	気体
4	NH_3	無色	気体

(52) アンモニアの性質に関する記述の正誤について、正しい組合せはどれか。

a エタノールにほとんど溶けない。
b 冷却又は圧縮により液化する。
c 空気より軽い。

	a	b	c
1	正	正	正
2	正	誤	誤
3	誤	正	正
4	誤	正	誤

(53) アンモニア水の性状及び性質に関する記述の正誤について、正しい組合せはどれか。

a 赤色リトマス紙に滴下すると青変する。
b 無色透明の液体である。
c 銅、錫、亜鉛を腐食する。

	a	b	c
1	正	正	正
2	正	誤	誤
3	誤	正	正
4	誤	正	誤

(54) アンモニア水の廃棄方法として、最も適切なものはどれか。

1 希硫酸に溶かし、クロム酸を遊離させ、還元剤の水溶液を過剰に用いて還元した後、水酸化カルシウムでの水溶液で処理し、沈殿濾過する。
2 珪そう土等に吸収させて開放型の焼却炉で焼却する。
3 多量のアルカリ水溶液中に吹き込んだ後、多量の水で希釈して処理する。
4 水で希薄な水溶液とし、酸で中和させた後、多量の水で希釈して処理する。

(55) 次のa〜dのうち、劇物に該当するものとして、正しいものはどれか。

a アンモニアを20%含有する水溶液
b アンモニアを15%含有する水溶液
c アンモニアを5%含有する水溶液
d アンモニアを1%含有する水溶液

1 aのみ　　2 a、bのみ　　3 a、b、cのみ　　4 a、b、c、dすべて

問 12 あなたの店舗ではトルエンを取り扱っています。次の (56) ～ (60) の問いに答えなさい。

(56) 「性状や規制区分等について教えてください。」という質問を受けました。質問に対する回答の正誤について、正しい組合せはどれか。

a 無色でベンゼン臭のある液体です。
b 不燃性です。
c 毒物に指定されています。

	a	b	c
1	正	誤	誤
2	誤	正	誤
3	正	誤	正
4	誤	誤	誤

(57) 「人体に対する影響について教えてください。」という質問を受けました。質問に対する回答の正誤について、正しい組合せはどれか。

a 皮膚に触れた場合、皮膚を刺激し、炎症を起こすことがあります。
b 吸入すると、麻酔状態になることがあります。
c 目に入ると、粘膜を刺激することがあります。

	a	b	c
1	正	正	正
2	正	誤	正
3	誤	正	誤
4	誤	誤	正

(58) 「取扱いの注意事項について教えてください。」という質問を受けました。質問に対する回答の正誤について、正しい組合せはどれか。

a ガラスを腐食するので、プラスチック製の容器に保管してください。
b 水と接触すると多量の熱を発生するので、水と混合しないでください。
c 酸化剤と反応することがあるので、接触を避けてください。

	a	b	c
1	正	誤	誤
2	誤	正	誤
3	誤	誤	正
4	誤	正	正

(59) 「性質について教えてください。」という質問を受けました。質問に対する回答の正誤について、正しい組合せはどれか。

a 融点が約 10 ℃のため、冬期に凝固することがあります。
b 揮発した蒸気は空気より重いです。
c ジエチルエーテルによく溶けます。

	a	b	c
1	正	正	誤
2	正	誤	正
3	誤	正	正
4	誤	誤	誤

(60) 「廃棄方法について教えてください。」という質問を受けました。質問に対する回答として、最も適切なものはどれか。

1 ナトリウム塩とした後、活性汚泥で処理します。
2 セメントを用いて固化し、溶出試験を行い、溶出量が判定基準以下であることを確認して埋立処分します。
3 希硫酸に溶かし、クロム酸を遊離させ、還元剤の水溶液を過剰に用いて還元した後、水酸化カルシウムでの水溶液で処理し、沈殿濾過します。
4 焼却炉の火室へ噴霧し焼却します。

解答・解説編
〔筆記〕

東京都
平成 30 年度実施

〔筆　記〕
（一般・農業用品目・特定品目共通）

問1　(1) 4　　　(2) 2　　　(3) 3　　　(4) 1　　　(5) 4
〔解説〕
　　(1)法第1条に示されている。　　(2)法第2条第1項に示されている。　　(3)法第3条第2項に示されている。　　(4) (5)法第3条の3に示されている。

問2　(6) 4　　　(7) 3　　　(8) 3　　　(9) 4　　　(10) 2
〔解説〕
　　(6)この設問で正しいものは、cのみである。cは法第8条4項のこと。なお、aについては、直接に取り扱わない店舗とあるので、法第7条第1項において毒物股は劇物を直接取り扱わない店舗においては、毒物劇物取扱責任者を置かなくてもよい。bについては、農業用品目のみを取り扱う毒物劇物製造業とあるので、法第8条第4項により農業用品目のみを扱う場合は、毒物股は劇物の営業所及び販売業の店舗のみにおいて、毒物股は劇物取扱責任者になることができる。
　　(7)この設問は、法第12条における毒物股は劇物の表示のことで誤りは、aのみである。aは法第12条第1項のことで、白地に赤色をもって「毒物」ではなく、赤地に白色をもって「毒物」である。なお、bは法第12条第2項第四号→施行規則第11条の6第1項第二号のこと。cは法第12条第2項第四号→施行規則第11条の6第1項第四号のこと。dは法第12条第2項第三号→施行規則第11条の5により、有機燐化合物及びこれを含有する製剤たる毒物又は劇物について、解毒剤〔①ニーピリジルアルドキシムメチオダイド、②硫酸アトロピン製剤〕の名称を表示しなければならない。
　　(8)この設問は法第3条の4→施行令第32条の3において、①亜塩素酸ナトリウムを含有する製剤30％以上、②塩素酸塩類を含有する製剤35％以上、③ナトリウム、④ピクリン酸については、業務上正当な理由による場合を除いては所持してならないと規定されている。このことからこの設問で正しいのは、bの塩素酸カリウムとcのナトリウムが該当する。
　　(9)この設問は特定毒物研究者のことで、aとbは誤りである。aについては法第3条の2第2項により、特定毒物研究者は特定毒物を輸入することができる。bについては、法第3条の2第4項の規定で、特定毒物研究者は特定毒物を学術研究以外の用途には供してならないと規定されている。cは法第10条第2項第二号→施行規則第10条の3第三号のこと。設問のとおり。dは法第10条第2項第三号のこと。設問のとおり。
　　(10)この設問は法第22条における業務上取扱者の届出を要する事業者のことで、正しいのは、bとcである。届出を要する事業とは、法第22条第1項→施行令第41条及び第42条で、①電気めっき行う事業、②金属熱処理を行う事業、③最大積載量5,000kg以上の大型自動車に積載して行う毒物又は劇物の運送の事業（この事業については施行規則第13条の13で内容積が規定されている。）、④しろありを行う事業である。このことから正しいのは、bとcが正しい。bは法第22条第1項→施行令第41条第一号及び第42条第一号でシアン化ナトリウム及び無機シアン化合物たる毒物及びこれを含有する製剤である。cは法第22条第1項→施行令第41条第四号及び第42条第三号で、砒素化合物たる毒物及びこれを含有する製剤である。

問3　(11) 3　　　(12) 4　　　(13) 2　　　(14) 4　　　(15) 2
〔解説〕
　　(11)この設問は、法第14条の譲渡手続及び法第15条の毒物又は劇物の交付の制限のこと。正しいのはbとcである。bは法第14条第2項→施行規則第12条の2のこと。設問のとおり。cは法第14条第1項のことで、①毒物又は劇物の名称及び数量、②販売又は授与の年月日、③譲受人の氏名、職業及び住所(法人にあっては、その名称及び主たる事務所の所在地)を書面に記載しなければならないである。設問のとおり。なお、aは法第15条第1項第一号により、18歳未満の者

- 143 -

に毒物又は劇物を交付してはならないと規定されている。dは法第14条第4項で、販売又は授与の日から5年間保存しなければならないと規定されている。この設問では3年間保存とあるので誤り。

　(12)この設問は、施行規則第4条の4における製造所等の設備基準のこと。正しいのはbとdである。bは施行規則第4条の4第1項第二号イのこと。dは施行規則第4条の4第1項第二号ホのこと。なお、aとcは誤り。aは劇物の製造業者で、製造頻度が低くいとあるが、施行規則第4条の4第1項第一号ロにおいて劇物を含有する粉じん、蒸気又は廃水の処理を要する設備又は器具を備えなければならない。cについては毒物を陳列する場所のことなので、施行規則第4条の4第1項第三号で、毒物又は劇物を陳列する場所にはかぎをかける設備があること規定されている。このことからこの設問にあるような常時直接監視する設備があってもかぎをかける設備を設けなければならないである。

　(13)この設問は法第16条の2における事故の際の措置のこと。正しいのはac である。aは法第16条の2第1項に示されている。cは法第16条の2第2項に示されている。なお、bとdについては、bの設問では、保健衛生上の危害の生ずるおそれのない量であっても法第16条の2第2項により、直ちに、その旨を警察署に届け出なければならないである。dについてもbと同様である。この設問に特定毒物でなかったためとあるが、特定毒物も毒物に含まれる。

　(14)この設問で正しいのは、cのみである。cは、施行令第40条の5第2項に示されている。なお、a、b、dについては、aは施行令第40条の5第2項第一号→施行規則第13条の4第一号で4時間を超える場合は、交替して運転する者を同乗させなければならない。よって誤り。bは施行令第40条の5第2項第三号において、法で定められた保護具を2人分以上備えければならない。dは施行令第40条の5第2項第二号→施行規則第13条の5で、この設問にある「劇」と表示した標識ではなく、「毒」と表示した標識である。

　(15)この設問で正しいのはaとcである。aは施行令第40条の6第1項に示されている。c施行令第40条の6第2項→施行規則第13条の8第に示されている。なお、bについては運送人の承諾を得ても、施行令第40条の6第1項による①名称、②成分、③含量、④数量、⑤事故の際の書面を交付しなければならない。また、1回の運搬につき数量1,000kg以上(施行規則第13条の7)について適用される。dについては、車両による運送距離が50キロメートル以内とあるが、運送距離の規定はないので施行令第40条の6の規定による荷送人としての書面の交付をしなければならない。

問4　(16) 2　　(17) 1　　(18) 3　　(19) 2　　(20) 4
　〔解説〕
　(16)a、b、dは設問のとおり。この設問は法第3条3項ただし書規定における設問のことで、a設問におけるAの毒物劇物輸入業者は自ら輸入した水酸化ナトリウムをBの毒物劇物製造業者に販売することができる。b設問におけるBの毒物劇物製造業者は自ら製造した48％水酸化ナトリウム水溶液をCの毒物劇物一般販売業者に販売することができる。このことについては法第3条3項ただし書規定で毒物劇物営業者間であるので購入することができる。また、d設問におけるCの毒物劇物一般販売業者については販売業の登録者であるので、Dの毒物劇物業務上取扱者にも販売することはできる。なお、cについてはBの毒物劇物製造業者は自ら製造した48％水酸化ナトリウム水溶液をDの毒物劇物業務上取扱者に販売することはできない。このことは毒物劇物営業者間のみ自ら製造或いは輸入した販売股は授与等ができるのである。よってこのc設問では法第3条3項ただし書規定に該当しない。よって誤り。

　(17)Aの毒物劇物製造業者が新たに98％硫酸を輸入するとあるので法第9条第1項の規定により、あらかじめ製造業又は輸入業にあっては、製造し、又は輸入しようとする毒物又は劇物の品目について、登録の変更を受けなければならないである。このことから正しいのは1である。

　(18)この設問ではBの毒物劇物製造業者はについて個人として、毒物劇物製造業の登録を受けているが、新たに法人〔株式会社〕としての毒物劇物製造業の登録を受けて、毒物股は劇物の製造〔この場合は、48％水酸化ナトリウム水溶液〕を行うとある。個人から法人へと形態が変わるので、新たに登録申請をして廃止届を提出。

　(19)この設問では、Cの毒物劇物一般販売業者が東京都港区内を廃止して、新

たに東京都中央区内に店舗を設けるとあるので、a、d が正しい。a については法第４条の営業の登録を受けなければない。d については法第 10 条第１項第四号における廃止届を提出しなければならない。なお、b、c におけることで、この設問では港区内の店舗を廃止して、中央区内に新たな店舗を設けるとあるので、法第４条で店舗ごとに登録申請をしなければならない。このことから交付申請あるいは変更届ではなく、新たに登録申請をして 30 日以内に廃止届を提出しなければならない。

(20)この設問で正しいのは、d のみである。d は法第 12 条第４項に示されている。なお、a については、この設問にあるような場合であっても法第 12 条第４項に基づいて、「医薬用外」の文字及び毒物については「毒物」、劇物については「劇物」の文字を表示しなければならないである。b は法第 11 条第４項→施行規則第 11 条の 4 において、飲食物の容器に毒物又は劇物を使用してはならないである。

問５ (21) 3   (22) 4   (23) 4   (24) 2   (25) 3
〔解説〕
(21)酸や塩基の強弱は酸や塩基の価数ではなく電離度によって決まる。また、酸とは、水溶液中で H^+ イオンを出すものであり、塩基は OH^- を出すもの、あるいは H^+ を受け取ることができるものを指す。弱酸と強塩基の中和のように中和点では常に中性とは限らない。

(22)0.1mol/L の水酸化カリウムの水酸化物イオン濃度 $[OH^-]$ は 0.1 である。したがってこの溶液の pOH は、pOH＝－$\log[OH^-]$ より、pOH＝-$\log[1.0 \times 10^{-1}]$＝1 。水のイオン積より、pH＋pOH＝14 であるから、この溶液の pH は 13 となる。

(23)中和点は塩基性側にあるので、メチルオレンジのような変色域が酸性側にある指示薬を用いることはできない。滴定の際はビュレットより滴下する。

(24)中和の公式（酸の価数×酸のモル濃度×酸の体積＝塩基の価数×塩基のモル濃度×塩基の体積）より求める。塩酸の価数は１、水酸化カルシウムの価数は２であることから、中和の公式に当てはめると、１×2.0×V＝２×1.0×20, V＝20mL

(25)水酸化バリウムは２価の塩基、アンモニアは１価の塩基、メタノールは中性、水酸化リチウムは１価の塩基である。

問６ (26) 1   (27) 3   (28) 1   (29) 2   (30) 3
〔解説〕
(26)酸化数を求めるとき、単体の酸化数は 0、酸素は－2、水素は+1 として考え、化合物ならば全体の酸化数の和が 0、イオンならばその価数になるように求める。

(27)気体の状態方程式（PV＝nRT）より、P×3.0＝0.5×8.3×10^3×(273+27)，P＝4.15×10^5Pa

(28)プロパンの生成熱は 3C(固)＋4H_2(気)＝C_3H_8(気)+QkJ である。①式×2+②式×3－③式より、3C(固)＋4H_2(気)＝C_3H_8(気)＋107kJ

(29)水素を失う変化を酸化という。また相手を還元し、自身が酸化されるものを還元剤という。

(30)モル濃度＝質量(g)/分子量×1000/体積(mL)で求めることができる。水酸化カルシウム $Ca(OH)_2$ の分子量（正確には式量という）は 74 であるから、公式に当てはめると、モル濃度＝7.4/74×1000/500, モル濃度＝0.2mol/L となる。

問７ (31) 1   (32) 4   (33) 3   (34) 1   (35) 1
〔解説〕
(31)ダイヤモンドは炭素原子が共有結合により結ばれている単体である。水素結合は共有結合やイオン結合に比べて弱い結合である。

(32)リチウムは赤色、ストロンチウムは紅色の炎色反応を示す。

(33)同位体とは同じ元素であるが中性子の数が異なるものである。アルミニウムは 13 族の元素であるため典型元素に分類される。

(34)有機物質は有機溶媒（ジエチルエーテル等）に溶解しやすく、水には溶解しにくい性質を持っているものがほとんどである。しかし、有機物質の塩（中和により生じるもの）は一般的に有機溶媒よりも水に溶解しやすくなる。アニリンは塩基性有機化合物であり塩酸と反応してアニリン塩酸塩を生じる。このアニリン塩酸塩は水に溶解する。また、酸である安息香酸とフェノールは有機溶媒に残る。この有機層に水酸化ナトリウムを加えるとどちらも塩（安息香酸塩、ナトリウムフェノキシド）となり水槽に溶解するが、この水層に二酸化炭素を通じると、炭酸(H_2CO_3)よりも酸性の弱いフェノール

は、ナトリウムフェノキシドからフェノールの状態に戻り、再び有機溶媒に溶解する。酸性度：安息香酸＞炭酸＞フェノール
(35) エタノール C_2H_5OH、酪酸メチル $C_3H_7COOCH_3$、硝酸 HNO_3、ジエチルエーテル $C_2H_5OC_2H_5$

(一般・特定品目共通)
問8 (36) 3　　(37) 3　　(38) 1　　(39) 3　　(40) 1
〔解説〕
(36) 1はメチルエチルケトン、2はトルエン、3はアクロレインである。
(37) 酢酸エチルにはガラスを侵す性質はなく、引火性の強い液体である。
(38) 酢酸エチルは無色の液体で水より軽く、果実様の芳香がある液体である。
(39) 酢酸エチルは可燃性の液体であり、不完全燃焼することで一酸化炭素を放出する。ホスフィン(PH_3)はリンが構造式中に無いと生成しない。またホスゲン($COCl_2$)も同様に Cl が必要であり、燃焼からでは生じない。
(40) 酢酸エチルは可燃性であり、完全燃焼させて焼却処分する。

(一般)
問9 (41) 1　　(42) 2　　(43) 3　　(44) 3　　(45) 1
〔解説〕
(41) アクロレインは劇物に指定されており、性状は無色から帯黄色の液体で刺激臭を有する。引火性がある。
(42) ピクリン酸は劇物に指定されており、性状は淡黄色の光沢のある針状結晶。急速に熱するか衝撃により爆発する。染料や医薬品原料として用いられており、鉄や鉛、銅などの金属容器を使用して貯蔵することはできない。
(43) 水銀は毒物に指定されており、性状は銀白色の重い液体である。硝酸には溶けるが、水や塩酸には溶けない。寒暖計、気圧計、水銀ランプや歯科用のアマルガムに用いられる。
(44) パラフェニレンジアミンは劇物に指定されており、白色から微赤色の板状結晶である。アルコール、クロロホルム、エーテルに可溶で、水に溶けにくい。染料製造、毛皮染料、染毛剤などに用いられている。
(45) クロルスルホン酸は劇物に指定されており、無色から淡黄色の発煙性刺激臭のある液体である。水と激しく反応し硫酸と塩酸を発生する。
問10 (46) 2　　(47) 4　　(48) 2　　(49) 4　　(50) 1
〔解説〕
(46) 無水酢酸は酢酸 2 分子が脱水縮合した刺激臭のある液体の化合物で、平成 28 年度から劇物に指定された。
(47) ニコチンは毒物に指定されており、無色無臭の油状液体で水、アルコール、クロロホルム、エーテルなどに溶けやすい。
(48) 炭酸バリウムは劇物に指定されており、白色固体で水にはほとんど溶けない。一般的にバリウム塩は水に溶けにくいが、劇物の硝酸バリウムは水によく溶ける。
(49) ヘキサン-1,6-ジアミンは劇物に指定されており、アンモニア臭のある吸湿性の白色の固体である。アジピン酸とともに用いることでナイロン-6,6 の合成に用いられる。
(50) 黄燐は毒物に指定されており、白色または淡黄色のロウ状固体である。水にはほとんど溶けず、クロロホルム、ベンゼン、二硫化炭素に溶けやすい。空気中で自然発火するので水中で保存する。

(農業用品目)
問8 (36) 1　　(37) 4　　(38) 2　　(39) 1　　(40) 2
〔解説〕
(36) ダイアジノンの構造は1である。化合物名にチオが入っていれば S がホスホあるいはホスフェートとあれば P がその構造中に含まれる。
(37) ダイアジノンは劇物であるが 5 ％以下（マイクロカプセル製剤にあっては 25 ％以下）を含有するものは劇物から除外される。
(38) リンを構造中に含んでいる有機化合物であるので有機燐系に分類される。
(39) 有機燐系殺虫剤である。無色で、特異臭のある液体である。
(40) ダイアジノンは固化隔離法または焙焼法（燃焼法）により廃棄する。

問9 (41) 1 (42) 2 (43) 4 (44) 3 (45) 3
〔解説〕
(41) 5-メチル-1,2,4-トリアゾロ[3,4-b]ベンゾチアゾールの別名はトリシクラゾールであり、いもち病などの殺菌剤として用いる。８％以下で劇物から除外される。ジメトエートはジメチル-(N-メチルカルバミルメチル)-ジチオホスフェートの別名である。
(42) カルボスルファンの別名である。劇物に指定されている。カルバリル(NAC)は1-ナフチルメチルカーバメートである。
(43) イミノクタジンの酢酸塩を含有する製剤は劇物に指定されている。ただし３．５％以下を含有するものおよびアルキルベンゼンスルホン酸塩は除外される。用途としては抗菌薬として用いられる。
(44) イミダクロプリドはネオニコチノイド(クロロニコチニル)系の殺虫剤であり、２％以下(マイクロカプセル製剤にあっては１２％以下)を含有するものは劇物から除外される。
(45) トルフェンピラドは劇物に指定されており、殺虫剤として用いられる。

(特定品目)
問9 (41) 2 (42) 2 (43) 1 (44) 4 (45) 2
〔解説〕
(41) ホルムアルデヒドの化学式は $HCHO$ であり、$HCOOH$ はホルムアルデヒドの酸化生成物であるギ酸である。ホルムアルデヒドは刺激臭のある無色の気体であり、これを水に溶解したものをホルマリンという。ホルムアルデヒド１％以下の含有で劇物から除外される。
(42) 一酸化鉛は PbO であり、PbO_2 は二酸化鉛である。一酸化鉛は黄色から赤色までの種々のものがある重い粉末で、熱すると帯赤褐色になる。水には溶解せず、酸やアルカリには溶解する。リサージ、密陀僧などの別名がある。
(43) 蓚酸は無色の柱状結晶であり、風解性を持つ。注意して加熱すると昇華するが急速に熱すると二酸化炭素と水に分解する。10％以下の含有で劇物から除外され、漂白剤や捺染剤などの用途で使用される。
(44) 硫酸は２価の酸であり不燃性無色透明の油状液体である。水に加えると発熱する。10％以下の含有で劇物から除外される。
(45) メチルエチルケトンは芳香性(アセトン臭)のある無色の液体で水、アルコール、エーテルに混和する。引火性がある。

東京都
令和元年度実施

〔筆 記〕
（一般・農業用品目・特定品目共通）

問1 (1) 1 　　(2) 4 　　(3) 1 　　(4) 3 　　(5) 4

〔解説〕

(1) 法第1条の目的

(2) 法第2条は、毒物、劇物、特定毒物に関する定義。設問の法第2条第2項は、劇物を示している。

(3) 法第3条は、製造業、輸入業、販売業の登録のことで、設問の法第3条第3項は、販売業の登録について示している。

(4)〜(5)については、引火性、発火性又は爆発性のある毒物又は劇物における禁止規定を示している。

問2 (6) 1 　　(7) 2 　　(8) 2 　　(9) 2 　　(10) 3

〔解説〕

(6) この設問では、a、b が正しい。a は法第4条第4項の登録の更新。b は法第4条第1項に示されている。なお、c については、その店舗の所在地の都道府県知事を経て、厚生労働大臣ではなく、店舗ごとに、その店舗の所在地の都道府県知事である。このことは法第4条第3項に示されている。d の毒物劇物一般販売業の登録を受けた者は、すべての毒物（特定毒物も含まれる）又は劇物を販売または授与することができる。このことからこの設問は誤り。

(7) この設問では、a、c、d が正しい。a は法第12条第2項第四号→施行規則第11条の6第1項第一号に示されている。c は法第12条第2項第三号→施行規則第11条の5において、有機燐化合物及びこれを含有する製剤たる毒物及び劇物については、解毒剤として①2－ピリジルアルドキシムメチオダイド（別名 PAM）の製剤、②硫酸アトロピンの製剤を容器及び被包を表示しなければならないと示されている。このことから設問のとおり。d は法第12条第2項第四号→施行規則第11条の6第1項第二号に示されている。なお b については、赤地に白色ではなく、白地に赤色をもって「劇物」の文字を表示しなければならないである。法第12条第1項に示されている。　　(8) 法第3条の3において興奮、幻覚又は麻酔の作用を有する毒物又は劇物について→施行令第32条の2で、①トルエン、②酢酸エチル、トルエン又はメタノールを含有するシンナー、塗料及び閉そく用ま又はシーリングの充てん剤については、みだりに摂取、吸入しこれらの目的で所持してはならないと示されている。このことから設問にある a のトルエン、d のメタノールを含有するシンナーが該当する。　　(9) この設問は法第16条の2における毒物又は劇物の事故の際の措置のことで、a、b が正しい。a は法第16条の2第1項に示されている。b は、法第16条の2第2項に示されている。なお、c の設問では、劇物が少量であったために、その旨を警察署に届け出なかったとあるが、毒物又は劇物について紛失或いは盗難にあった場合は、量の多少にかかわらず、その旨を警察署に届け出なければならない。この設問の法第16条の2については、平成30年6月27日法律第66号で同条は、令和2年4月1日より法第17条となる。

(10) この設問は法第22条第1項→施行令第41条及び同第42条における業務上取扱者の届け出る事業者のこと。業務上取扱者の届出をする事業者とは、①無機シアン化合物たる毒物及びこれを含有する製剤を使用する電気めっき行う事業、②同製剤を使用する金属熱処理事業、③最大積載量5,000キログラム以上の大型自動車（施行令別表第二掲げる品目を運送）事業、④砒素化合物たる毒物及びこれを含有する製剤を使用するしろありの防除を行う事業である。このことから b、c が正しい。

問3 (11) 2 　　(12) 4 　　(13) 3 　　(14) 4 　　(15) 3

〔解説〕

(11) この設問で正しいのは、a、b、c である。a は法第7条第2項に示されている。b の一般毒物劇物取扱者試験に合格した者は、すべての毒物又は劇物製造所、営業所、店舗の毒物劇物取扱責任者になることができる。設問のとおり。c は法第8条第4項に示されている。d は、製造所ではなく、特定品目（第4条の3第2

項→施行規則第4条の3→施行規則別表第二）に掲げる品目のみの販売業の店舗において毒物劇物取扱責任者になることができる。よって誤り。　　　（12）この設問は法第14条及び法第15条における譲渡手続及び交付の制限のこと。aのみが正しい。aは法第14条第1項に示されている。なお、bは法第14条第4項で、譲受人から受けた書面の保存期間は、5年間と規定されている。cは法第15条第1項第一号で、18歳未満の者には交付してはならないと規定されている。dについては、法第14条第2項で、書面の提出を受けなければ、毒物又は劇物を毒物劇物営業者以外の者に販売し、又は授与してはならないと規定されているので、この設問では翌日とあるので誤り。　　　（13）この設問は施行規則第4条の4における設備等基準のことで、b、cが正しい。bは施行規則第4条の4第1項第一号イに示されている。cは施行規則第4条の4第1項第二号ホに示されている。なお、aは施行規則第4条の4第1項第二号ニにおいてかぎをかける設備を設ける。　　　（14）4この設問は毒物又は劇物の運搬方法のことで、c、dが正しい。cは施行令第40条の6第1項に示されている。dは施行令第40条の5第2項第一号→施行規則第13条の4に示されている。なお、aは施行規則第13条の5で、0.3メートル平方の板に地を黒色、文字を白色として「毒」と表示し、車両の前後見やすい箇所に掲げなければならないと規定されている。bは施行令第40条の5第2項第三号で、車両には、厚生労働省令で定めるものを2人分以上備えることと規定されている。

　　　（15）この設問は毒物又は劇物を他に委託する場合のことで、bとdが正しい。bは施行令第40条の6第3項→施行規則第13条の8に示されている。dは施行令第40条の6第1項で、荷送人は、運送人に対して、あらかじめ毒物又は劇物の①名称、②成分、③含量、④数量、⑤書面（事故の際の講じなければならない応急の措置の内容）を交付しなければならない。なお、aの設問にある鉄道についても施行令第40条の6第1項に示されている。よって誤り。cは施行令第40条の6において、この設問あるような口頭による通知をすることはできない。

問4　（16）2　　（17）4　　（18）3　　（19）2　　（20）2
〔解説〕
　　　（16）aについては、Aの毒物劇物輸入業者が自ら輸入した水酸化カリウムをBの毒物劇物製造業者に、法第3条第3項ただし書規定により販売することができる。設問のとおり。bについてもBの毒物劇物製造業者が自ら製造した20％水酸化カリウム水溶液をCの毒物劇物一般販売業者に販売することができる。aと同様である。なお、cについては、Bの毒物劇物製造業者が自ら製造した20％水酸化カリウム水溶液をDの毒物劇物業務上取扱者には販売することはできない。dについてCの毒物劇物一般販売業者は、Dの毒物劇物業務上取扱者には販売することはできない。cとdの設問中におけるDの毒物劇物業務上取扱者については、毒物劇物営業者ではないからである。　毒物劇物営業者とは、毒物又は劇物①製造業者、②輸入業者、③販売業者のことをいう。　　　（17）この設問におけるAの毒物劇物輸入業者が新たに48％水酸化カリウム水溶液を輸入する場合の手続きのことである。このことは法第9条における登録の変更について、同条であらかじめ輸入しようとするときは登録の変更を受けなければならないと規定されている。このことから正しいのは、4が該当する。　　　（18）Bの毒物劇物製造業者が既に登録を受けている製造所の名称の変更については、法第10条第1項第一号により30日以内登録の変更を届け出なければならない。このことから3が該当する。
　　　（19）この設問は、Cの毒物劇物一般販売業者が現行ある店舗を廃止して新たに移転して設ける店舗における手続きについてのことである。この設問で正しいのは、aとcである。なお、b、dいずれも誤り。　　　（20）この設問におけるDの毒物劇物業務上取扱者（非届出者）については、法第22条第5項にかかわることで正しいのは、aとdが正しい。aは法第11第1項の盗難予防の措置のこと。dは法第12条第1項の表示のこと。なお、bについては法第11第4項において飲食物容器使用禁止と規定されいる。誤り。cの設問にあるような取扱品目の変更を要しない。
問5　（21）4　　（22）1　　（23）3　　（24）4　　（25）2
〔解説〕
　　　（21）酸性の水溶液でも、塩基性の水溶液でも水酸化物イオンはわずかに存在している。　　　（22）すべて正しい。　（23）濃度不明の水酸化カルシウムのモル濃度をx mol/L とおく。また、水酸化カルシウムは2価の塩基、硫酸は2価の酸であるので式は、0.60 mol/L × 2 × 100 = x mol/L × 2 × 120,　x mol/L = 0.50 mol/L
（24）b，水酸化ナトリウムも水酸化カルシウムもどちらも強塩基であり、電離度は

1 と考える。同一のモル濃度であり、電離度が等しいならば価数が大きい方が pH が大きくなる。c, 塩基性物質を水で希釈すると pH は 7 に近づく方向に小さくなる。　　　(25)H₂S は NaOH から生じる OH －に H+ を渡している。

問6　(26) 3　　(27) 3　　(28) 2　　(29) 1　　(30) 4
〔解説〕
　　(26)NaOH の式量は 23+16+1 = 40 である。5.0 ÷ 40 = 0.125 mol　　(27)塩化ナトリウムの量を x g とする。　x / (100 +x) × 100 = 20、x = 25.0 g　(28)70 ℃のホウ酸の飽和水溶液 360 g には、ホウ酸 60 g が水 300 g に溶けている状態である。これを 10 ℃に冷却すると水 100 g にホウ酸は 5 g 溶けるから、水 300 g では 15 g のホウ酸が溶解する。したがって析出するホウ酸の重さは 60 － 15 = 45 g となる。
　　(29)エタノール C₂H₅OH の分子量は 46 である。したがって、9.20 g のエタノールの mol 数は、9.20 ÷ 46 = 0.20 mol である。化学反応式よりエタノール 1 mol が燃焼すると二酸化炭素が 2 mol 生成するから、0.20 mol のエタノールからは 0.40 mol の二酸化炭素が生じる。標準状態で 1 mol の気体の体積は 22.4 L であるから、0.40 mol の気体の体積は 22.4 × 0.4 = 8.96 L となる。　　(30)炭素原子は還元剤として働き、自らは酸化されている。

問7　(31) 2　　(32) 1　　(33) 4　　(34) 3　　(35) 4
〔解説〕
　　(31)非金属元素はすべて典型元素である。　　(32)凝縮は気体が液体になる状態変化、蒸発は液体が気体になる状態変化、化学変化は物質そのもの(化学式など)が変化することである。　　(33)H-Cl は塩素原子が電気陰性度が大きいので分子内に電荷の偏りを生じ、極性分子となる。　　(34)カリウムは紫、ストロンチウムは紅の光を発する。　　(35)銀はイオン化傾向が小さいため、空気中では速やかには酸化されない。イオン化傾向の大きい金属ほど陽イオンになりやすく、そのため還元力が強い。

(一般・特定品目共通)
問8　(36) 1　　(37) 1　　(38) 2　　(39) 4　　(40) 3
〔解説〕
　　(36)HNO₃ が硝酸、CH₃OH はメタノール、H₂SO₄ は硫酸、NH₃ はアンモニアである。　　(37)すべて正しい。　　(38)硝酸は無色の液体で刺激臭がある。　　(39)硝酸が加熱分解すると窒素酸化物(NOx)を発生する。　　(40)硝酸は酸性の無機化合物であるので、アルカリにより中和して廃棄する。

(一般)
問9　(41) 3　　(42) 3　　(43) 2　　(44) 2　　(45) 1
〔解説〕
　　(41)キシレンは無色の液体で引火性がある。　　(42)イソキサチオンは有機燐系殺虫剤で、淡黄褐色油状物質である。　　(43)塩化ベンジルは毒物に指定されている。　　(44)炭酸バリウム BaCO₃ は白色固体で、希塩酸にはよく溶けるが、水やエタノールにはほとんど溶けない。　　(45)すべて正しい。

問10　(46) 4　　(47) 1　　(48) 2　　(49) 3　　(50) 2
〔解説〕
　　(46)燐化水素 PH3 はホスフィンとも呼ばれており、アセチレンまたは腐った魚のにおいのする気体である。毒物。　　(47)五塩化アンチモン SbCl₅ は微黄色の液体であり、多量の水で塩化水素を発生する。廃棄法は沈殿法であり、五塩化アンチモンを水に少量ずつとかし、そこに硫化ナトリウムを加え、硫化アンチモンとして沈殿させ、ろ過し、埋め立て処理する。劇物。　　(48)二硫化炭素は麻酔性芳香のある液体であるが、市販品は不快な臭気をもつ極めて引火性の高い液体。水には溶けず比重は水より大きい。溶媒やゴム製品の接合などに用いられている。劇物。　　(49)硅弗化ナトリウム Na₂SiF₆ は白色の結晶で水に溶けにくく、アルコールには溶けない。釉薬や農薬に用いられる。劇物。　　(50)アリルアルコール CH₂=CH-CH₂OH は水、アルコール、クロロホルムに可溶である。医薬品や樹脂などの原料に用いられ、毒物に指定されている。

（農業用品目）

問8　(36) 2　　　(37) 3　　　(38) 1　　　(39) 4　　　(40) 4

〔解説〕

(36)ジメチルジチオホスホリルフェニル酢酸エチルは赤褐色油状の芳香性刺激臭のある液体である。　(37)劇物に指定されており、3 ％以下の含有で劇物から除外される。　(38)有機燐系に分類される。　(39)接触性殺虫剤として用いる。　(40)有機物は可燃性が多いため、一般的に燃焼法で処分する。

問9　(41) 2　　　(42) 1　　　(43) 1　　　(44) 1　　　(45) 1

〔解説〕

(41)クロルピクリン CCl_3NO_2 は劇物に指定されている無色油状の液体である。市販品は微黄色で催涙性がある。燻蒸剤として用いられる。　(42)カルタップは白色の結晶で水やメタノールには可溶、ベンゼンやアセトン、エーテルには溶けない劇物である。カーバメイト系殺虫剤で 2 ％以下の含有で劇物から除外される。　(43)塩素酸ナトリウム $NaClO_3$ は白色の結晶で水によく溶ける。劇物に指定されており、酸化剤、除草剤、抜染剤として用いられる。　(44)ジクワットは淡黄色結晶で水によく溶ける。アルカリ性水溶液で分解する性質を持ち、除草剤として用いられる。劇物に指定されており、廃棄法はアフターバーナーを具備した焼却炉で燃焼する。　(45)ベンフラカルブはカーバメイト殺虫剤として用いられる劇物で、6%以下の含有で劇物から除外される。

（特定品目）

問9　(41) 2　　　(42) 4　　　(43) 2　　　(44) 1　　　(45) 4

〔解説〕

(41)硅弗化ナトリウム Na_2SiF_6 は白色の結晶で水に溶けにくく、アルコールに溶けない。農薬、釉薬、防腐剤に用いられ、酸と接触すると有毒な弗化水素ガス及び四弗化ケイ素ガスが発生する。　(42)塩素 Cl_2 は黄緑色の気体で、刺激臭がある。強い酸化作用をもつため、酸化剤や漂白剤に用いる。　(43)アンモニア NH_3 は刺激臭のある気体で水によく溶け、アルカリ性を示す。よってもっともよい廃棄法は酸により中和する。　(44)メチルエチルケトン $CH_3COCH_2CH_3$ は無色のアセトン臭のある引火性の液体で、水によく溶ける。　(45)メタノール CH_3OH は水によく溶ける引火性の揮発性液体で、エタノール臭気がある。

東京都
令和２年度実施

〔筆　記〕

（一般・農業用品目・特定品目共通）

問１　(1) 4　　　(2) 3　　　(3) 4　　　(4) 1　　　(5) 4
〔解説〕
(1) 法第１条の目的
(2) 法第２条は、毒物、劇物、特定毒物に関する定義。設問の法第２条第１項は、毒物を示している。
(3) 法第３条は、製造業、輸入業、販売業の登録のことで、設問の法第３条第１項は、製造業の登録について示している。
(4)〜(5) については、興奮、幻覚又は麻酔の作用を有する毒物又は劇物における禁止規定を示している。

問２　(6) 3　　　(7) 1　　　(8) 2　　　(9) 2　　　(10) 4
〔解説〕
(6) a　この設問は、法第４条第４項における登録の更新のことで、製造業又は輸入業の登録については、５年ごとに更新である。このことからこの設問は誤り。なお、法第４条第４項については、平成30年６月27日法律第66号〔平成32年４月１日施行〕で同法第４項から第３項となった。
b 製造業の登録更新のこと。設問のとおり。(6) を参照。c は設問のとおり。法第４条第１項に示されている。d は、設問のとおり。法第４条の２の販売業の登録の種類。
(7) この設問は法第12条における毒物又は劇物の表示のことで、設問はすべて正しい。a と b は法第12条第１項に示されている。c は法第12条第２項第三項のこと。d は法第12条第３項は、毒物又は劇物を貯蔵し、陳列する場所についての表示のことで、特段色の規定はない。設問のとおり。
(8) この設問は法第３条の４→施行令第32条の３において、①亜塩素酸ナトリウムを含有する製剤30％以上、②塩素酸塩類を含有する製剤35％以上、③ナトリウム、④ピクリン酸については、業務上正当な理由による場合を除いては所持してならないと規定されている。このことからこの設問で正しいのは、a の塩素酸カリウムと d のピクリン酸が該当する。
(9) この設問では、a、b が正しい。c については少量であったためと設問にあるが量の多少に係わらず、その旨を警察署に届け出なければならない。よって誤り。この設問は法第17条〔事故の際の措置について〕に示されている。なお、法第17条については、平成30年６月27日法律第66号〔平成32年４月１日施行〕で同法16条の２から第17条となった。
(10) この設問は法第22条第１項→施行令第41条及び同第42条における業務上取扱者の届け出る事業者のこと。業務上取扱者の届出をする事業者とは、①無機シアン化合物たる毒物及びこれを含有する製剤を使用する電気めっき行う事業、②同製剤を使用する金属熱処理事業、③最大積載量5,000キログラム以上の大型自動車(施行令別表第二掲げる品目を運送)事業、④砒素化合物たる毒物及びこれを含有する製剤を使用するしろありの防除を行う事業である。このことから c、d が正しい。

問３　(11) 2　　　(12) 4　　　(13) 3　　　(14) 1　　　(15) 2
〔解説〕
(11) この設問では、b のみが誤り。a は設問のとおり。c の一般毒物劇物取扱者試験に合格した者は、すべての製造所、営業所及び店舗における毒物劇物取扱者になることができる。d は法第７条第３項に示されている。設問のとおり。なお、b については法第８条第２項第一号により、18歳未満の者は毒物劇物取扱責任者になることはできない。この設問にあるような業務経験についての規定はない。
(12) この設問は法第14条における毒物又は劇物の譲渡手続のことで、c のみが正しい。c は法第14条第１項に示されている。なお、a は個人に劇物を販売し

た際には、法第14条第2項→施行規則第12条の2において、譲受人の押印と規定されている。このことからこの設問は誤り。bの設問にある「…個人に劇物を販売した翌日に、…」とあるが法第14条第1項において、その都度とあるこからこの設問は誤り。dは法第14条第4項により、5年間法で定められた書面を保存しなければならない。よって2年間保存した後廃棄は誤り。

(13)この設問は、施行規則第4条の4における製造所等の設備のことで、aのみ正しい。aは施行規則第4条の4第1項第二号イに示されている。なお、bは施行規則第4条の4第1項第一号ロにより、この設問にあるような製造頻度が低くても毒物又は劇物を含有する粉じん、蒸気又は廃水の処理に要する設備又は器具備えなければならないである。c 施行規則第4条の4第1項第二号ニ～ホにより、かぎをかける設備を設ける。(かぎをかけることができない場合は、その周囲に、堅固なさくを設けること。)

(14)この設問はすべて正しい。aは法第22条第4項→法第19条第3項に示されている。bは法第18条第1項に示されている。cは法第22条第4項→法第15条の3に示されている。dは法第19条→法第5条→施行規則第4条の4第2項のこと。なお、法第18条については、平成30年6月27日法律第66号〔平成32年4月1日施行〕において同法17条から同法第18項となった。

(15)この設問については、2が正しい。2は法第3条の2第3項ただし書に示されている。なお、1の特定毒物研究者については学術研究以外の用途に供してはならないと規定されている。法第3条の2第4項に示されている。よって誤り。3は法第21条第1項において、この設問にある特定毒物使用者でなくなった日から30日後ではなく、15日以内に現に所有する特定毒物の品名及び数量を届け出なければならない。4の特定毒物使用者については、特定毒物を品目ごとに政令で定める使用者及び用途について、都道府県知事が指定されている。

問4 (16) 3　　(17) 2　　(18) 3　　(19) 4　　(20) 3
〔解説〕
(16)aについては、Aの毒物劇物輸入業者が自ら輸入したアンモニアをBの毒物劇物製造業者に、法第3条第3項ただし書規定により販売することができる。設問のとおり。bについてAの毒物劇物輸入業者が自ら輸入したアンモニアをDの毒物劇物業務上取扱者に販売することはできない。cについては、Bの毒物劇物製造業者が自ら製造した20%アンモニア水溶液をCの毒物劇物一般販売業者に販売することはできる。dについてCの毒物劇物一般販売業者は、Dの毒物劇物業務上取扱者には販売することはできない。bとdの設問中におけるDの毒物劇物業務上取扱者については、毒物劇物営業者ではないからである。毒物劇物営業者とは、毒物又は劇物①製造業者、②輸入業者、③販売業者のことをいう。

(17)Aの毒物劇物輸入業者がが新たに30%アンモニア水溶液を輸入することにり、その手続きについて、法第9条第1項→法第6条第二号に掲げる事項により、あらかじめ登録の変更をしなければならない。このことから2が正しい。

(18)Bの毒物劇物製造業者について、東京都墨田区の製造所を廃止して、新たに東京都足立区に製造所を移転した場合の手続きは、①新たに移転した東京都足立区に製造所に毒物劇物製造業の登録を受けなければならない。(法第4条)→②廃止した東京都墨田区の製造所については、廃止した後30日以内に廃止届を届け出なければならない。(法第10条第1項第四号)このことからbとcが正しい。a、dは誤り。

(19)Dの毒物劇物業務上取扱者のことで、a、bが正しい。aは法第12条第3項に示されている。bは法第11条第1項に示されている。なお、cは法第12条第1項において、「医薬用外劇物」を表示しなければならない。dについては特段届出を要しない。

(20)Dの毒物劇物業務上取扱者が新たに特定毒物(モノフール酢酸ナトリウム)を使用するに当たって、この特定毒物をCの毒物劇物一般販売業者から購入する際の手続きのことで、cのみが正しい。特定毒物を使用するには、その所在地の都道府県知事の許可を受けなければならない。(法第6条の2)なお、abdについては、提出及び登録を要しない。

問5 (21) 2　　(22) 3　　(23) 2　　(24) 3　　(25) 2
〔解説〕
(21) 酸の強弱は電離度で決まり、酸の価数ではない。
(22) 水酸化バリウム $Ba(OH)_2$ は2価の塩基である。よって 0.005 mol/L の水酸化バリウムの[OH]は $0.005 \times 2 = 0.01 = 1.0 \times 10^{-2}$ となる。水のイオン積が

1.0×10^{-14} であるから、この溶液の pH は 14-2 = 12

(23)　pH が小さいものほどより強い酸となる。硝酸は強酸、塩化アンモニウムの水溶液は弱酸、酢酸ナトリウムの水溶液は弱塩基、水酸化ナトリウム水溶液は強塩基性である。

(24)　水酸化ナトリウム水溶液が 1 L(1000 cm³)あったと仮定する。この時の重さは密度が 1.2 g/cm³ であるから、1000 × 1.2 = 1200 g　この溶液の質量パーセント濃度が 10%であるから、溶質の量は 1200 × 10/100 ＝ 120 g。水酸化ナトリウム(NaOH)の式量は 40 であるから、この溶液のモル濃度は 120/40 = 3.0 mol/L。

(25)　過マンガン酸カリウムは 5e⁻ を受け取り、過酸化水素は 2e⁻ を放出する。一方価マンガンカリウム溶液のモル濃度は 0.100 mol/L、これを 8.40 mL 用いることで濃度不明 X mol/L の過酸化水素 10.0 mL と総電子の数は等しくなることから式は、5 × 0.100 × 8.40 = 2 × X × 10.0, X = 0.210 mol/L。

問6　(26) 1　　(27) 1　　(28) 2　　(29) 3　　(30) 3
〔解説〕
(26)　理想気体の状態方程式 P・V = w/M・R・T　より、8.3 × 105 × V = w/M × 8.3 × 103 ×(273 ＋ 127)…①式。一方、このときの気体の密度は 4.0 g/L であることから、w/V = 4.0 …②式となる。①式、②式より M = 16

(27)　①式 ×3+②式 ×2 －③式より、$C_3H_8 + 5O_2 = 3CO_2 + 4H_2O + 2221$ kJ/mol

(28)　ベンゼン環の水素原子一つを-OH に置換したものをフェノール、-CH₃ に置換したものをトルエンという。フェノールの分子式は C_6H_6O であり分子量は 94 となる。

(29)　この有機物の組成を $C_xH_yO_z$ とする。燃焼による反応式は $C_xH_yO_z + nO_2 \rightarrow xCO_2 + y/2H_2O$ となる。二酸化炭素が 77.0 mg 生成したのだからもともとの有機化合物に含まれていた炭素の重さは 12/44 × 77.0 ＝ 21 mg、同様に水 46.8 mg からもともとの有機化合物に含まれていた水素の重さは 2/18 × 46.8 = 5.2 mg である。燃焼前の有機化合物の重さが 40.0 mg であるから、もともとの有機化合物に含まれていた酸素の重さは 40.0 －(21.0 + 5.2)= 13.8 mg。これより、x : y : z = 21.0/12 : 5.2/1 : 13.8/16 = 2 : 6 : 1

(30)　共有結合はお互いの不対電子を 1 つずつ出し合って、1 本の結合ができる。この際、希ガスと同じ電子配置を取るようになる。

問7　(31) 3　　(32) 1　　(33) 4　　(34) 4　　(35) 2
〔解説〕
(31)　原子は原子核と電子からなり、原子核はさらに陽子と中性子に細分される。原子番号は陽子の数と等しく、原子の質量は陽子の数と中性子の数の和である。これより原子番号が同じで質量が異なることはすなわち中性子の数が異なり、これを同位体という。同素体とは同じ元素からなる単体で、その化学的・物理的性質が異なるものである。

(32)　単体の酸化数は 0、化合物全体の酸化数は 0、化合物中の酸素の酸化数は-2、水素の酸化数は+1 として計算すると、I₂(酸化数 0)は HI(I の酸化数は-1)に変化している。酸化数が減少する反応を還元されたと言い、自身は酸化剤として働いている。一方二酸化硫黄は I₂ を還元したので還元剤として働いている。

(33)　第一級アルコールは酸化されるとアルデヒドを経てカルボン酸まで酸化される。第二級アルコールはケトンにまで酸化され、第三級アルコールは酸化されない。

(34)　電気分解は陽極で酸化反応(電子を失う)、陰極で還元反応(電子を得る)が起こる。塩化銅 $CuCl_2$ は溶液になると $CuCl_2 \rightarrow Cu^{2+} + 2Cl^-$ となり、Cu^{2+}は陰極で電子を受け取り Cu となり析出する。2Cl⁻は陽極で電子を失い、Cl₂ となる。

(35)　銀イオンは塩化物イオンと水に不溶な AgCl の白色沈殿を生じる。Fe^{3+}も Cu^{2+}もどちらも硫化物を形成するが、Fe^{3+}は中性または塩基性の時に硫化物を形成するのに対し、Cu^{2+}は酸性でも硫化物を形成することができる。

（一般・特定品目共通）
問8 (36) 3　　(37) 1　　(38) 4　　(39) 3　　(40) 2
〔解説〕
(36)　無色で特異臭のある液体。水には溶けず、アルコールなどの有機溶媒に可溶である。農業用は淡褐色の液でかすかにエステル臭がある。
(37)　ホスフェートであるため有機リン系であり、化合物名からイソプロピル$(CH_3)_2CH-$構造を有している。
(38)　劇物に指定されているが、5%以下（マイクロカプセル製剤においては25%以下）で劇物から除外される。
(39)　有機リン系はすべて殺虫剤になる。
(40)　一般的に有機リン系は可燃性であるため、燃焼法により焼却する。

（一般）
問9 (41) 3　　(42) 4　　(43) 4　　(44) 2　　(45) 1
〔解説〕
(41)　フルオロスルホン酸(FSO_3H)は非常に強い酸性の液体であり、水と容易に反応しフッ化水素と硫酸を生じる $FSO_3H + H_2O \rightarrow H_2SO_4 + HF$。毒物に指定されている。
(42)　アバメクチンは結晶性の白色～淡黄色粉末であり、16 員環ラクトンであるマクロライド系に分類される。毒物に指定されており、1.8%以下の含有で劇物指定になる。
(43)　エチレンオキシドは無色の快香のある気体である。水やアルコール、エーテルに溶け、合成原料、燻蒸消毒、殺菌剤に用いられる。
(44)　ピクリン酸は 2,4,6-トリニトロフェノールの別名であり、淡黄色の結晶である。水溶液は酸性を示し、染料などに用いられる。
(45)　メタクリル酸は無色の結晶（冬期）または液体（夏期）であり、水やアルコール、エーテルに溶解する。劇物に指定されており、25%以下の含有で除外される。

問10 (46) 2　　(47) 4　　(48) 3　　(49) 2　　(50) 1
〔解説〕
(46)　アセトニトリル CH_3CN は無色の液体で水やアルコールに可溶である。C_6H_5CN はベンゾニトリルである。酸または塩基により加水分解を受け、酢酸とアンモニアを生じる。
(47)　メトミルは白色結晶であり、カルバメート系殺虫剤である。毒物に指定されており、45%以下の含有で除外される。メタナミンは CH_3NH_2 であるメチルアミンのことである。
(48)　ヨウ素は黒灰色の固体で、紫色の蒸気を出す昇華性固体である。ヨウ素はでんぷんと反応し（ヨウ素デンプン反応）、藍色を呈するためでんぷんの確認反応に用いられる。
(49)　ホスゲン $COCl_2$ であり、ホルムアルデヒド $HCHO$ の水素原子二つが塩素に置換した構造を持っている。きわめて有毒な気体であり、水にわずかに溶解し二酸化炭素と塩化水素になる。
(50)　トルイジン$(C_6H_4(CH_3)NH_2)$はベンゼンにメチル基とアミノ基が置換した構造を持っているため、o-, m-, p-の位置異性体が存在する。染料の原料に用いられる。

（農業用品目）
問9 (41) 2　　(42) 4　　(43) 1　　(44) 4　　(45) 1
〔解説〕
(41)　メチダチオンは灰白色の結晶で水に溶けにくく、わずかな刺激臭がある。劇物に指定されており、有機リン系殺虫剤である（物質名のホスホはリンを表す）。
(42)　パラコートは無色結晶性粉末で水によく溶け、アルコールには溶けにくい。腐食性が強く、アルカリ性で不安定である。除草剤として用い、廃棄方法は燃焼法により焼却する。
(43)　カルタップは無色または白色の結晶で水やメタノールには溶解するが、ベンゼンやエーテルには溶けない。ネライストキシン系殺虫剤である。

(44) メトミルは白色結晶であり、カルバメート系殺虫剤である。毒物に指定されており、45%以下の含有で除外される。
(45) ダイファシノンはインダンジオン系の殺鼠剤であり、淡黄色粉末固体である。0.005%以下の含有で毒物から除外され劇物となる。

（特定品目）
問8 (36) 1　　(37) 4　　(38) 1　　(39) 4　　(40) 2
　　〔解説〕
(36) 2 はメチルエチルケトン、3 は酢酸エチル、4 はクロロホルムである。
(37) キシレンは可燃性の液体であり、蒸気は容易に引火する。フッ化物でないのでガラスを侵す性質はない。
(38) ベンゼン環を有する芳香族であるため、特有の芳香がある。また炭化水素であるので水にはほとんど溶解しない。
(39) キシレンは炭化水素であるため、加熱による酸化により生じるのは一酸化炭素または二酸化炭素と水である。
(40) キシレンは炭化水素であるので焼却処分する。

問9 (41) 3　　(42) 4　　(43) 1　　(44) 2　　(45) 1
　　〔解説〕
(41) 四塩化炭素(CCl_4)は特有のにおいがある不燃性の水に溶解しない非常に重い無色の液体である。
(42) 水酸化ナトリウム(NaOH)は白色の固体で潮解性を有する。水溶液は強いアルカリ性を示すため、赤色リトマス紙を青変させる。
(43) ホルムアルデヒド(HCHO)は無色刺激臭のある気体で、その水溶液はホルマリンと呼ばれる。1%以下の含有で劇物から除外される。
(44) トルエン($C_6H_5CH_3$)は芳香のある可燃性の液体で、蒸気は空気よりも重い。劇物に指定されており、溶剤として用いられている。
(45) 硫酸(H_2SO_4)は不燃性、不揮発性の液体で比重が重く、液性は強い酸性を示す。代表的な 2 価の酸であり、水と混ぜると強く発熱する。

東京都
令和３年度実施

〔筆　記〕
（一般・農業用品目・特定品目共通）

問１　(1)4　　(2)1　　(3)2　　(4)4　　(5)1
〔解説〕
(1)法第１条の目的
(2)法第２条は、毒物、劇物、特定毒物に関する定義。設問の法第２条第２項は、劇物を示している。
(3)法第３条は、製造業、輸入業、販売業の登録のことで、設問の法第３条第３項は、販売業の登録について示している。
(4)～(5)については、引火性、発火性又は爆発性のある作用を有する毒物又は劇物における禁止規定を示している。

問２　(6)1　　(7)1　　(8)4　　(9)2　　(10)3
〔解説〕
(6)a　この設問は、法第４条第３項における登録の更新のことで、販売業の登録については、６年ごとに更新である。なお、法第４条第３項については、平成30年６月27日法律第66号〔令和２年４月１日施行〕で同法第４項から第３項となった。
b　設問のとおり。c は設問のとおり。薬剤師は法第８条第１項第一号により毒物劇物取扱責任者の資格を有している。d の毒物劇物一般販売業の登録を受けた者については、販売品目の制限がないことから全ての毒物及び劇物を販売又は授与することができる。このことからこの設問は誤り。
(7)この設問は法第 12 条における毒物又は劇物の表示のことで、設問はすべて正しい。a は法第 12 条第３項に示されている。b は法第 12 条第２項第四号→施行規則第 11 条の６に示されている。c における有機燐化合物を含有する毒物を販売する際には、法第 12 条第２項第三項により厚生労働省令で定められている解毒剤の名称→その解毒剤は、①２－ピリジルアルドキシムメチオダイド(別名 PAM)の製剤、②硫酸アトロピンの製剤と定められている。このことから設問は正しい。d は設問のとおり。法第 12 条第２項第四号→施行規則第 11 条の６第二号に、住宅用の洗浄剤について示されている。
(8)この設問は、法第３条の３において興奮、幻覚又は麻酔の作用を有する毒物又は劇物について→施行令第 32 条の２で、①トルエン、②酢酸エチル、トルエン又はメタノールを含有するシンナー、塗料及び閉そく用ま又はシーリングの充てん剤については、みだりに摂取、吸入しこれらの目的で所持してはならないと示されている。このことから設問にある c のトルエン、d のメタノールを含有するシンナーが該当する。
(9)この設問では、a、c が正しい。a は法第 17 条第２項に示されている。c は法第 17 条第１項に示されている。b については少量であっても量の多少に係わらず、その旨を警察署に届け出なければならない。よって誤り。この設問は法第 17 条〔事故の際の措置について〕のことである。
なお、法第 17 条については、平成 30 年６月 27 日法律第 66 号〔平成 32 年４月１日施行〕において同法 16 条の２から同法第 17 項となった。
(10)この設問は法第 22 条第１項→施行令第 41 条及び同第 42 条における業務上取扱者の届け出る事業者のこと。業務上取扱者の届出をする事業者とは、①無機シアン化合物たる毒物及びこれを含有する製剤を使用する電気めっき行う事業、②同製剤を使用する金属熱処理事業、③最大積載量 5,000 キログラム以上の大型自動車(施行令別表第二に掲げる品目を運送)事業、④砒素化合物たる毒物及びこれを含有する製剤を使用するしろありの防除を行う事業である。このことから b、c が正しい。なお、a、d については、特定毒物使用者のことである。その特定毒物使用者は、政令で品目ごとに定められている用途のみ使用することができる。また、特定毒物使用者は、都道県知事による指定となる。

問３　(11)3　　(12)4　　(13)2　　(14)2　　(15)2

〔解説〕
(11)この設問では、a、d が誤り。b は法第7条第2項に示されている。設問のとおり。c については設問のとおり。法第8条第2項第一号により、18歳未満の者は毒物劇物取扱責任者になることはできない。また、この設問にあるような業務経験についての規定はない。なお、a の毒物劇物取扱責任者変更については法第7条第3項において、30日以内に変更届を届け出なければならないである。よってこの設問は誤り。d の特定品目毒物劇物取扱責任者試験に合格した者については、法第8条第4項に示されている。このことからこの設問にある製造業の毒物劇物取扱責任者ではなく、厚生労働省令で定める特定品目のみを取り扱う輸入業の営業所若しくは特定品目販売業の店舗においてのみの毒物劇物取扱責任者になることはできる。

(12)この設問は法第14条及び法第15条のことで、c のみが正しい。c は法第14条第1項に示されている。なお、a は、法第14条第4項で、販売又は授与の日から5年間保存しなければならないと示されている。このことからこの設問は誤り。b については、法第15条第1項で、18歳未満の者に毒物又は劇物を交付してってはならないと示されている。

(13)この設問は、施行令第40条の5関係における運搬方法〔この設問では、塩化水素20％を含有する製剤で液体状。これについては施行令第40条の5第2項→施行令別表第一に掲げられている品目〕についてで、d のみが誤り。a については施行規則第13条の4第二号に示されている。b は施行令第40条の5第2項第三号に示されている。c は施行令第40条の5第2項第四号に示されている。d は施行規則第13条の5で、0.3メートル平方の板に地を黒色、文字を白色として「毒」と表示し、車両の前後の見やすい箇所に掲げなければならないである。

(14)この設問は、施行規則第4条の4における毒物又は劇物を取り扱う設備等基準のことで、a、d が正しい。a は施行規則第4条の4第1項第二号ホに示されている。d は施行規則第4条の4第1項第一号イに示されている。なお、b の設問では、‥常時毒物劇物取扱責任者が直接監視することが可能であっても施行規則第4条の4第1項第三号で、‥陳列する場所にはかぎをかける設備があることと示されている。この設問は誤り。c については、‥含有する粉じん、蒸気又は廃水の処理を要する設備については、製造所の設備基準である。この設問では、輸入業とあることからこの設問にある設備は不要である。施行規則第4条の4第2項に示されている。

(15)この設問については、2が正しい。2は法第10条第2項第二号→施行規則第10条の3第三号に示されている。なお、1の特定毒物研究者については学術研究以外の用途に供してはならないと規定されている。法第3条の2第4項に示されている。よって誤り。3は法第3条の2第8項に示されている。このことからこの設問は誤り。4法第3条の2第1項に示されている。このことからこの設問にある特定毒物使用者の指定は要しない。

問4　(16)2　　(17)4　　(18)4　　(19)3　　(20)3
〔解説〕
(16)a については、A の毒物劇物輸入業者が自ら輸入した硝酸を B の毒物劇物製造業者に、法第3条第3項ただし書規定により販売することができる。設問のとおり。b について B の毒物劇物製造業者が自ら製造した30％硝酸水溶液を C の毒物劇物一般販売業者に販売することはできる。法第3条第3項ただし書規定により販売することができる。c については、A の毒物劇物輸入業者が自ら輸入した硝酸を D の毒物劇物業務上取扱者に販売することはできない。このことは毒物劇物営業者〔毒物又は劇物①製造業者、②輸入業者、③販売業者〕に該当しないことによる。d については C の毒物劇物一般販売業者は、D の毒物劇物業務上取扱者には販売することはできる。設問のとおり。

(17)A の毒物劇物輸入業者がが新たに70％硝酸水溶液を輸入することにり、その手続きについて、法第9条第1項→法第6条第二号に掲げる事項により、あらかじめ登録の変更をしなければならない。このことから4が正しい。

(18)B の毒物劇物製造業者については、個人による毒物劇物製造業の登録を受けていたが、新に法人「株式会社X」を設立したとある。この設問で正しいのは、4である。個人から法人という形態が変わることにより、新たに法第4条

に示されている届け出を要する。なお、この設問にある既に個人として登録されている者については廃止届を出さなければならない。

(19) C の毒物劇物一般販売業者について、東京都渋谷区の毒物又は劇物販売業の店舗を廃止して、新たに東京都豊島区に毒物又は劇物販売業の店舗を移転した場合の手続きは、①新たに移転した東京都豊島区に毒物劇物販売業の登録を受けなければならない。（法第4条）→②廃止した東京都渋谷区の毒物又は劇物販売業の店舗については、廃止した後30日以内に廃止届を届け出なければならない。（法第10条第1項第四号）このことから b と d が正しい。a、c は誤り。

(20) D の毒物劇物業務上取扱者の設問についてで正しいのは、a と d が正しい。b、c は誤り。毒物劇物業務上取扱者について、この設問設定にある「毒物及び劇物取締法に基づく登録・許可はいずれも受けていないとあることから非届出者である。」ことについては法第22条第5項の規定が準用されることになる。→法第11条、法第12条第1項及び第3項、法第15条の3、法第17条、法第18条、法第19条第3項及び第5項。
このことから a については、法第11条の毒物又は劇物の取扱いを受けることになる。設問のとおり。d は、法第12条第1項〔毒物又は劇物の表示〕。設問のとおり。なお、b における D の毒物劇物業務上取扱者については、非届出者であることから届け出を要しない。このことから設問は誤り。c の設問では、飲食物の容器については、法第11条第4項に飲食物容器の容器使用禁止が示されている。このことから設問は誤り。

問5 (21) 2　　(22) 1　　(23) 3　　(24) 3　　(25) 2
〔解説〕
(21)　酸の強弱は価数でなく酸の電離度である。また中性溶液中にも H^+ は存在する。
(22)　0.050 mol/L 塩酸 20 mL に含まれる水素イオンのモル数は $0.050 \times 20/1000 = 0.0010$ mol。同様に 0.010 mol/L の水酸化ナトリウム水溶液 40 mL に含まれる水酸化物イオンのモル数は $0.01 \times 40/1000 = 0.00040$ mol。したがってこの混合溶液 60 mL に含まれる水素イオンのモル数は $0.0010 - 0.0040 = 0.00060$ mol。したがってこの溶液に含まれる水素イオン濃度 $[H^+]$ は $0.00060 \times 1000/60 = 0.01 = 1.0 \times 10^{-2}$ mol/L。よって pH = 2
(23)　弱酸、強塩基の中和滴定では、中和点が弱塩基性にあるので変色域が弱塩基性であるフェノールフタレインを用いる。
(24)　塩基性塩とは分子中に (OH^-) を有する塩である。ただし、水に溶解したとき塩基性を示すとは限らない。
(25)　塩酸は1価の酸、水酸化カルシウムは2価の塩基である。求める 2.0 mol/L 塩酸の体積を X mL とすると式は、$2.0 \times 1 \times X = 1.0 \times 2 \times 20$, $X = 20$ mL

問6 (26) 4　　(27) 3　　(28) 3　　(29) 2　　(30) 2
〔解説〕
(26)　過マンガン酸カリウムが受け取る $5e^-$ と過酸化水素が放出する $2e^-$ の数を合わせる。すなわち過マンガン酸カリウムの反応式を2倍し、過酸化水素の反応式を5倍すればよい
(27)　60℃における水の飽和蒸気圧が 2.0×10^4 Pa であることから、この時の水のモル数は PV = nRT より、$2.0 \times 10^4 \times 10 = n \times 8.3 \times 10^3 \times (273 + 60)$、n = 0.072 モルとなる。これに水の分子量18をかけると 1.296 g となる。したがって液体として存在する水の重さは 5.4 - 1.3 = 4.1 g
(28)　①式＋②式－③式より、$CH_7 + 2O_2 = CO_2 + 2H_2O + 891$ kJ
(29)　96 g の硝酸カリウムが 150 g の水に溶解しているときの質量パーセント濃度は $96/(150+96) \times 100 = 39\%$。すなわち39%よりも濃い濃度になる点が析出する温度である。40℃での濃度は $63.9/(100+63.9) \times 100 = 39\%$ よって40℃で析出が始まる。
(30)　1時間4分20秒は3860秒であるので、2.5A の電流を流した時の C は $3860 \times 2.5 = 9650$ C である。よってこの時の F は 9650/96500 = 0.1 F。一方 Cu^{2+} の還元反応式は $Cu^{2+} + 2e^- \rightarrow Cu$ であるから生成した Cu は、$63.5 \times 0.1/2 = 3.175$ g

問7 (31) 3　　(32) 2　　(33) 1　　(34) 3　　(35) 3
〔解説〕
(31)　ダイヤモンドは共有結合、フッ素は共有結合、ナトリウムは金属結合である。
(32)　タリウムは13族の典型元素である。

(33)　電池は正極で還元反応、負極で酸化反応が起こり、電気分解では陽極で酸化反応、陰極で還元反応が起こる。

(34)　ナトリウムは黄色、ストロンチウムは紅色の炎色を呈する。

(35)　アニリンは塩基性、酢酸フェニルは中性、サリチル酸は炭酸よりも強い酸、フェノールは炭酸よりも弱い酸である。

（一般・特定品目共通）

問8　(36) 1　　(37) 2　　(38) 1　　(39) 4　　(40) 1

〔解説〕

(36)　パラコートは無色結晶性粉末で、有機塩のため水によく溶ける。アルカリで不安定である。

(37)　ジピリジニウム(ピリジンが2つ)あるいはジクロライド(塩素が2つ)から構造を導くことができる。

(38)　パラコートは毒物に分類される。

(39)　用途は除草剤である。

(40)　おがくずなどに吸収させて、アフターバーナーおよびスクラバーを具備した焼却炉で焼却する。

（一般）

問9　(41) 3　　(42) 4　　(43) 2　　(44) 4　　(45) 4

〔解説〕

(41)　モノフルオール酢酸ナトリウムは白色の重い粉末で吸湿性がある。特定毒物に分類され、野ネズミ駆除に用いられる。

(42)　アンモニアは10%以下で劇物から除外され、アルカリ性を示すことからBTB溶液を黄色に変化させる。また最も適した廃棄方法は中和法である。

(43)　アニリンは無色透明の液体だが、空気に触れると赤変する。特異臭あり。水に溶けにくく、アルコールやエーテルなどに溶けやすい。中毒症状としてはチアノーゼがある。

(44)　ヘプタン酸はCが7のカルボン酸である。無色の液体で水よりも軽く、水には溶解しにくい。11%以下の含有で劇物から除外される。

(45)　シアン化カリウムは無色の固体で吸湿性がある。水溶液は強アルカリ性を示し、酸と接触すると有毒なシアン化水素を発生する。毒物に指定されている。

問10　(46) 1　　(47) 4　　(48) 3　　(49) 4　　(50) 1

〔解説〕

(46)　砒素は水に不溶な灰色の固体で、元素記号はAsである。砒素中毒にはBALを用いる。

(47)　一酸化鉛はリサージとも呼ばれる黄色から赤色の粉末である。顔料や鉛ガラスの原料として用いられており、希硝酸に溶かしたのち硫化水素を通じると黒色のPbSを生じる。

(48)　三塩化硼素は無色で干し草のにおいがする気体である。毒物に指定されており、水と激しく反応してホウ酸と塩化水素を発生する。

(49)　アリルアミンは無色のアンモニア臭のある液体である。化学式は$CH_2=CH-CH_2-NH_2$であり、毒物に指定されている。

(50)　硫酸銅(II)五水和物は濃い藍色の固体で、風解性がある。水溶液は酸性を示すため、青色リトマス紙を赤色に変色する。

（農業用品目）

問9　(41) 4　　(42) 3　　(43) 1　　(44) 3　　(45) 1

〔解説〕

(41)　ジメチル―(N－メチルカルバミルメチル)ジチオホスフェイトはジメトエートと呼ばれる白色の固体で、有機リン系殺虫剤である。劇物に指定されている。

(42)　イミノクタジンは通常三酢酸塩として存在し、白色の粉末である。果樹の腐らん病に用いられる殺菌剤で、劇物に指定されているが3.5%以下の含有で除外される。

(43)　クロルメコートは白色または単黄色の固体で水に溶解する。植物のジベレリン生合成を阻害する植物成長調整薬として用いられる。

(44)　ベンフラカルブは無色～黄褐色の液体でカーバメート系殺虫役である。劇物に指定されているが 6%以下の含有で除外される。

(45)　フェントエートは液褐色油状液体の有機リン系殺虫剤である。3%以下の含有で劇物から除外される。廃棄方法はアフターバーナーおよびスクラバーを具備した焼却炉で焼却する。

（特定品目）

問8　(36) 4　　(37) 1　　(38) 3　　(39) 1　　(40) 4

〔解説〕

(36)　1は〼〼ール、2は酢酸エチル、3はクロロホルムである。

〼〼アセトン臭がある引火性液体。水に溶解する。

〼液体であるため、上記は空気と混合し爆発性の混合ガスと

〼完全燃焼を起こしやすく一酸化炭素を放出する。

〼炉で焼却する。

(43) 1　　(44) 1　　(45) 4

水に溶ける可燃性の液体で、熱した酸化銅により酸化され、〼ドを生じる。一方酸化銅はメタノールにより還元され、銅

〼色・刺激臭のある気体で空気よりも軽く、水によく溶解〼ッシュ法により工業的に合成されており N₂+ 3H₂ → 2NH₃ 〼進行する。

〼ウム Na₂SiF₆ は白色の結晶で水に溶けにくい。釉薬に用〼で強熱されると四フッ化ケイ素ガスが発生する。廃棄方〼石灰を加えて処理したのち、希硫酸を加えて中和し、沈〼分する、分解沈殿法を用いる。

〼ンチウムは緑がかった黄色の固体。水に溶けにくいが熱〼ため顔料に用いられる。

〼色の不燃性液体で特有の麻酔性香気がある。水よりも〼。日光によって分解するため、アルコールを小量加え

東京都
令和４年度実施

〔筆　記〕
（一般・農業用品目・特定品目共通）

問1　(1) 2　　(2) 1　　(3) 4　　(4) 3　　(5) 1
〔解説〕
(1) 法第１条の目的
(2) 法第２条は、毒物、劇物、特定毒物に関する定義。設問の法第２条第１項は、毒物を示している。
(3) 法第３条は、製造業、輸入業、販売業の登録のことで、設問の法第３条第２項は、輸入業の登録について示している。
(4)〜(5) については、興奮、幻覚又は麻酔のある作用を有する毒物又は劇物における禁止規定を示している。

問2　(6) 2　　(7) 2　　(8) 2　　(9) 1　　(10) 4
〔解説〕
(6) a この設問は、法第４条第２項の登録の申請のこと。設問のとおり。b 法第４条の２〔販売業の登録の種類〕設問のとおり。c は法第４条第３項における登録の更新のことで、販売業の登録については、６年ごとに更新である。設問は誤り。d は法第４条第１項に示されている。設問のとおり。
(7) この設問は法第12条〔毒物又は劇物の表示〕のことで、a は法第12条第１項により、‥‥黒地に白色ではなく、赤地に白色をもって「毒物」の文字である。この設問は誤り。b は法第 12 条第２項第二号に示されている。設問のとおり。c は法第12条第３項に示されている。設問のとおり。d は法第12条第２項第三号に示されている。設問のとおり。
(8) 法第３条の４による施行令第 32 条の３で定められている品目は、①亜塩素酸ナトリウムを含有する製剤 30 ％以上、②塩素酸塩類を含有する製剤 35 ％以上、③ナトリウム、④ピクリン酸である。このことから２が正しい。
(9) この設問は法第７条〔毒物劇物取扱責任者〕及び法第８条〔毒物劇物取扱責任者の資格〕についてでである。a は法第７条第２項に示されている。設問のとおり。b 法第７条第３項により、30 日以内に、毒物劇物取扱責任者の変更を届け出なければならないである。設問は誤り。c 法第８条第１項第一号により、毒物劇物取扱責任者になることができる。このことからこの設問は誤り。d 法第８条第４項により、製造所においてではなく、法第４条の３第１項の厚生労働省令で定める毒物若しくは劇物の輸入業の営業所若しくは農業用品目の販売業の店舗においてのみである。このことからこの設問は誤り。
(10) この設問は法第 22 条第１項→施行令第 41 条及び同第 42 条における業務上取扱者の届け出る事業者のこと。業務上取扱者の届出をする事業者とは、①無機シアン化合物たる毒物及びこれを含有する製剤を使用する電気めっき行う事業、②同製剤を使用する金属熱処理事業、③最大積載量 5,000 キログラム以上の大型自動車(施行令別表第二に掲げる品目を運送)事業、④砒素化合物たる毒物及びこれを含有する製剤を使用するしろありの防除を行う事業である。このことから c、d が正しい。なお、b については、特定毒物使用者のことである。その特定毒物使用者は、政令で品目ごとに定められている用途のみ使用することができる。また、特定毒物使用者は、都道府県知事による指定となる。又、a については業務上取扱者及び特定毒物使用者にも該当しない。

問3　(11) 3　　(12) 3　　(13) 3　　(14) 2　　(15) 1
〔解説〕
(11) この設問は法第 17 条〔事故の際の措置〕のことである。a については量の如何にかかわらず、盗難にあった場合は法第 17 条第２項により、直ちに、その旨を警察署に届け出なければならないである。設問は誤り。b も a と同様に、全ての毒物又は劇物について直ちに、その旨を警察署に届け出なければならないである。設問は誤り。c 法第 17 条第１項に示されている。設問のとおり。d は設問のとおり。

(12)この設問は法第14条〔毒物又は劇物の譲渡手続〕及び法第15条〔毒物又は劇物の交付の制限等〕のことである。a 法第14条第1項により次の事項、①毒物又は劇物の名称及び数量、②販売又は授与の年月日、③譲受人の氏名、職業及び住所〔法人にあっては、その名称及び主たる事務所の所在地〕を書面記載しなければならないである。設問は誤り。b 法第15条第1項第一号により、18歳未満の者に交付してならないと示されている。設問は誤り。c はいわゆる一般人に販売した場合のことで、法第14条第2項に書面の提出を受けなければ、販売し、又は授与してはならないと示されている。このことから設問は誤り。d 法第14条第4項に、販売又は授与の日から5年間保存と示されている。設問では5年間保存の後廃棄とあることから設問は正しい。

(13)この設問は施行規則第4条の4〔製造所等の設備〕のことである。a 施行規則第4条の4第1項第一号ロに示されている。解答のとおり。b 施行規則第4条の4第1項第二号イに示されている。解答のとおり。c 施行規則第4条の4第三号により、毒物又は劇物を陳列する場所にはかぎをかける設備があることと示されている。この設問は誤り。d 施行規則第4条の4第1項第一号イに示されている。解答のとおり。

(14)この設問は施行令第40条の6〔荷送人の通知義務〕における毒物又は劇物を他に委託する場合についてである。a 施行令第40条の6第1項に示されている。解答のとおり。b については施行令第40条の6第1項に、…車両を使用して、又は鉄道によって運搬する場合と示されているので、この設問は誤り。c の車両による運送距離50km以内とあるが、運送距離の如何にかかわらず毒物又は劇物を車両、鉄道を使用する場合は、荷送人は通知しなければならない。この設問は誤り。d の設問にあるような運送人の承諾を例え得ていた場合においても、施行令第40条の6第1項に、…記載した書面を交付しなければならないと示されている。この設問は誤り。

(15)この設問は法第18条〔立入検査等〕、法第19条〔登録の取消等〕、法第15条の3〔回収等の命令〕のことである。a 法第18条第1項に示されている。設問のとおり。b 法第19条第3項に示されている。解答のとおり。c 法第15条の3に示されている。解答のとおり。d は a 同様に法第18条第1項に示されている。解答のとおり。

問4　(16) 1　　(17) 3　　(18) 2　　(19) 4　　(20) 1
〔解説〕
(16)a について、A の毒物劇物輸入業者は、自ら輸入した硫酸を B の毒物劇物一般販売業者に、販売することができる。このことは法第3条第3項ただし書規定により販売することができる。設問のとおり。b について、A の毒物劇物輸入業者は、自ら輸入した硫酸を D の毒物劇物業務上取扱者に販売することはできない。このことは毒物劇物営業者〔毒物又は劇物①製造業者、②輸入業者、③販売業者〕に該当しないことによる。c について、B の毒物劇物一般販売業者は、特定毒物であるジエチルパラにトロフエニルチオホスフエイトを C の特定毒物研究者に販売することができる。毒物劇物一般販売業者は、全ての毒物(特定毒物も毒物に含まれる。)について販売することができる。設問のとおり。d について、C の特定毒物研究者は学術研究のために製造、輸入が出来、また施行令で使用するものが出来るものであつて基準に適合するものについて譲り渡し、譲り受けが出来る。このことからこの設問にある特定毒物を販売することはできない。設問は誤り。

(17)A の毒物劇物輸入業者が、B の毒物劇物一般販売業者に新たに硫酸20%以上を販売する為の必要な手続きについては、法第9条第1項〔登録の変更〕に、あらかじめ法第6条第二号〔登録事項〕による、登録の変更を受けなけばならないと示されている。このことから3が正しい。

(18)この設問は A の毒物劇物輸入業者について、個人として既に硫酸の輸入を行っている毒物劇物輸入業の登録者であり、新たに法人「株式会社X」に事業譲渡とした場合とある。又設問では「株式会社X」は、毒物及び劇物取締法の登録・許可を受けていないとある。新たな事業形態となることから2の毒物劇物輸入業の登録を受けなければならないである。

(19)B の毒物劇物一般販売業者が、千代田区にある店舗を廃止して、新たに文京区に移転して引き続き毒物劇物一般販売業の店舗についての必要な手続きは、①文京区に移転した毒物劇物店舗において、新たに登録を受けなければならな

い。②この後に千代田区の店舗を廃止した時、法第 10 条第 1 項第四号〔届出〕により、30 日内に廃止届を都道府県知事〔この場合は東京都知事〕に提出しなければならない。このことから a と d が正しい。以上のことから b と c は該当しない。

(20)a は法第 12 条第 3 項〔毒物又は劇物の表示〕に示されている。解答のとおり。b は法第 11 条第 1 項〔毒物又は劇物の取扱〕に示されている。解答のとおり。c は法第 12 条第 1 項〔毒物又は劇物の表示〕に示されている。解答のとおり。d は法第 11 条第 4 項に飲食物容器に使用してはならないと示されている。このことから d の水酸化ナトリウムを保管したとあることからこの設問は誤り。

問5　(21) 2　　(22) 4　　(23) 3　　(24) 1　　(25) 2
〔解説〕
　　(21)水に塩基を溶かすと、水溶液の水酸化物イオン濃度が高くなる。弱電解質の電離度は、その濃度が薄いほど電離しやすくなる。
　　(22)5.0 mol/L アンモニア水溶液の電離度が 0.002 であるから、この溶液の水酸化物イオン濃度[OH]は $5.0 \times 0.002 = 0.01$ mol/L となる。すなわち、pOH は -log[OH]より、2 となる。よって pH は 14-2 = 12
　　(23)メチルオレンジは酸性側で赤色、塩基性側で黄色を示す呈色試薬である。
　　(24)溶液の体積を正確に量り取るにはホールピペットを用いる。また中和滴定における滴下する器具にはビュレットを用いる。
　　(25)ハロゲン化水素はハロゲンの原子番号が大きいほど酸性度が強くなる。すなわち、沃化水素＞臭化水素＞塩化水素＞弗化水素となる。

問6　(26) 4　　(27) 3　　(28) 1　　(29) 3　　(30) 3
〔解説〕
　　(26)酸化数は化合物において、水素の酸化数を+1、酸素の酸化数を-2 として計算し、化合物全体の酸化数を 0 として求める。イオンの場合はイオン全体の酸化数をイオンの価数となるようにする。単体の酸化数は 0 である。
　　(27)理想気体の状態方程式 $PV = nRT$ より、$P \times 6.0 = 2.0 \times 8.3 \times 10^3 \times (27 + 273)$　　$P = 8.3 \times 10^5$ Pa
　　(28)エチレンの生成熱は式①× 2+式②－式③より、2C(固) ＋ 2H$_2$(気)=C$_2$H$_4$ － 51 kJ となる。
　　(29)金属の単体が水溶液中で陽イオンになろうとする性質を金属のイオン化傾向という。したがってイオン化傾向の大きい金属は、電子を放出しやすい。
　　(30)この水溶液が 1 L あるとする。その時の重さは密度 1.2 g/cm^3 より、$1000 \times 1.2 = 1200$ g。この溶液の濃度は 20%であるから、この溶液に溶解している溶質の重さは、$1200 \times 20/100 = 240$ g。水酸化ナトリウムの式量は 40 であるから、この溶質のモル数は 240/40 = 6.0 mol。これが 1L に含まれているので、6.0 mol/L となる。

問7　(31) 3　　(32) 1　　(33) 2　　(34) 3　　(35) 4
〔解説〕
　　(31)同じ元素の単体で、性質が異なるものを互いに同素体という。
　　(32)c の記述と d の記述内容が逆になっている。
　　(33)水は分子の構造が折れ線構造であるため、極性分子となる。
　　(34)1,3-ジクロロプロペンはアルケンであるプロペンを母体とする化合物である。すなわち、分子内に二重結合を一つ持つ。
　　(35)塩化物イオンでは Pb2+が白色の PbCl2 となって沈殿する。また、塩酸酸性化で H$_2$S ガスを通じて沈殿するのは CdS(黄色)であり、FeS(黒)は塩基性条件下でなければ沈殿しない。

（一般・農業用品目共通）
問8　(36) 2　　　(37) 2　　　(38) 3　　　(39) 4　　　(40) 4
〔解説〕
　　(36)クロルピクリンの純品は無色油状、粘膜刺激臭のある液体である。
　　(37)クロルピクリンは劇物に指定されている農薬である。
　　(38)クロルは塩素を指す。トリクロロニトロメタンやニトロクロロホルムなどの別名もある。
　　(39)土壌燻蒸剤、線虫駆除として用いる。
　　(40)界面活性剤を加えた亜硫酸ナトリウムと炭酸ナトリウムの混合溶液に加えて分解させ、廃棄する。

（一般）
問9　(41) 1　　　(42) 2　　　(43) 2　　　(44) 2　　　(45) 2
〔解説〕
　　(41)カリウムの炎色反応は紫色である。
　　(42)硫酸タリウムは殺鼠剤に用いられる無色の固体で、劇物に指定されている。化学式は Tl_2SO_4 で表される。
　　(43)ヒドラジンは無色のアンモニア臭のある液体。強い還元作用があり、アルカリ性を示す。化学式は H_2NNH_2 である。
　　(44)塩化チオニルは刺激臭のある無色液体で、水と容易に反応して塩化水素と二酸化硫黄に分解する。化学式は $SOCl_2$ である。
　　(45)臭素は赤褐色の液体で、刺激臭がある。濃塩酸と混和すると発熱する。

問10　(46) 3　　　(47) 1　　　(48) 4　　　(49) 4　　　(50) 2
〔解説〕
　　(46)ヒドロキシルアミン NH_2OH は無色結晶で不安定、炭酸ガスや湿気で分解する。還元剤などに用いられる劇物である。
　　(47)ニッケルカルボニル $Ni(CO)_4$ は無色の液体で揮発性がある。発火性があり、濃硝酸や濃硫酸と爆発的に分解する。毒物に指定されている。
　　(48)ギ酸 $HCOOH$ は無色の刺激臭のある液体。還元力が強く、皮なめし助剤あるいは染色助剤などに用いられる。
　　(49)アニリン $C_6H_5NH_2$ は芳香族アミンに分類される化合物で、無色の特異臭がある液体である。空気に触れると赤褐色になる。劇物に指定されている。
　　(50)ヘキサン酸 $C_5H_{11}COOH$ は無色油状の特異臭のある液体である。別名をカプロン酸と言い、11%以下の含有で劇物から除外される。

（農業用品目）
問9　(41) 2　　　(42) 1　　　(43) 3　　　(44) 1　　　(45) 4
〔解説〕
　　(41)パラコートはジピリジル系誘導体で無色結晶性の粉末である。水によく溶ける除草剤で、毒物に指定されている。
　　(42)ジクワットもパラコート同様ジピリジル系誘導体の淡黄色結晶で水によく溶ける。除草剤として用いられており、劇物に指定されている。廃棄方法は可燃性有機物であるので燃焼法が適している。
　　(43)テフルトリンはピレスロイド系殺虫剤の淡褐色固体である。水には溶けず、有機溶媒に溶けやすい。毒物に指定されている。
　　(44)イソキサチオンは有機リン系殺虫剤で劇物に指定されている。淡黄褐色液体で水に溶けにくい。1%以下の含有で劇物から除外される。ベンフラカルブはカーバメート系殺虫剤。

(45)カルバリルはカーバメート系殺虫剤で、別名を NAC、アリラム、セビンという。無色無臭の結晶で水には溶けない。劇物に指定されている。

（特定品目）
問8　(36) 2　　(37) 4　　(38) 2　　(39) 4　　(40) 3
〔解説〕
(36) 1 はクロロメタン、3 は酢酸エチル、4 はメタノールである。

(37) クロロホルムは光により分解するので、少量のアルコールを加えて保存する。引火性はほとんどないが、麻酔作用があるため換気の良い場所で使用する。

(38) クロロホルムは麻酔性の香気とかすかな甘みを有する無色の液体。

(39) (37) 参照

(40) クロロホルム自体は難燃性であるが、過剰の可燃性溶剤とともにアフターバナー及びスクラバーを具備した焼却炉で処理する。

問9　(41) 1　　(42) 3　　(43) 2　　(44) 3　　(45) 1
〔解説〕
(41) メチルエチルケトンはアセトン臭のある無色の液体で、水に溶解する。IUPAC 名では 2-ブタノンあるいはブタ-2-オンという。

(42) 塩素は黄緑色の刺激臭のある気体で、空気よりも重い。

(43) 一酸化鉛 PbO は別名をリサージあるいは密陀僧と言い、黄色～赤色の水に溶けにくい固体である。

(44) 四塩化炭素は重たい麻酔性の臭気を持つ無色の液体である。水に溶けず、不燃性である。高熱下、酸素と水の存在で有毒なホスゲンを生じる。

(45) ホルムアルデヒド HCHO は無色の刺激臭のある液体で、水に溶解する。水溶液をホルマリンと言い、1%以下の含有で劇物から除外される。

解答・解説編
〔実地〕

東京都
平成 30 年度実施

〔実　地〕

(一般)

問 11　(51) 2　　　(52) 4　　　(53) 2　　　(54) 1　　　(55) 3

〔解説〕

(51)ナトリウム Na は、銀白色の柔らかい固体。水と激しく反応し、水酸化ナトリウムと水素を発生する。液体アンモニアに溶けて濃青色となる。

(52)塩素 Cl_2 は、常温においては窒息性臭気をもつ黄緑色気体. 冷却すると黄色溶液を経て黄白色固体となる。融点はマイナス 100.98 ℃、沸点はマイナス 34 ℃である。用途は酸化剤、紙パルプの漂白剤、殺菌剤、消毒薬。

(53)エチレンオキシド $(CH_2)_2O$ は、劇物。快臭のある無色のガス、水、アルコール、エーテルに可溶。可燃性ガス、反応性に富む。用途は有機合成原料、界面活性剤、殺菌剤。

(54)酸化カドミウム CdO は、:劇物。　暗褐色の粉末または結晶。水にほとんど溶けない。用途は安定剤原料、電気メッキ有機化学の触媒。

(55)臭素 Br_2 は、劇物。赤褐色の刺激臭液体。水には可溶。アルコール、エーテル、クロロホルム等に溶ける。燃焼性はないが、強い腐食性がある。写真用、化学薬品、アニリン染料の製造などに使用。

問 12　(56) 2　　　(57) 2　　　(58) 4　　　(59) 4　　　(60) 1

〔解説〕

(56)ニトロベンゼン $C_6H_5NO_2$ は無色又は微黄色の吸湿性の液体で、強い苦扁桃様の香気をもち、光線を屈折する。毒性は蒸気の吸引などによりメトヘモグロビン血症を引き起こす。用途はアニリンの合成原料である。

(57)ジクワットは、劇物で、ジピリジル誘導体で淡黄色結晶、水に溶ける。中性又は酸性で安定、アルカリ溶液でうすめる場合には、2〜3時間以上貯蔵できない。腐食性を有する。土壌等に強く吸着されて不活性化する性質がある。用途は、除草剤。

(58)臭化銀(AgBr)は、劇物。淡黄色無臭の粉末。光により暗色化する。用途は写真感光材料。

(59)シアナミド CHN_2 は劇物。無色又は白色の結晶。潮解性。水によく溶ける。エーテル、アセトン、ベンゼンに可溶。沸点は 260 ℃で分解。用途は合成ゴム、燻蒸剤、殺虫剤、除草剤、医薬品の中間体等に用いられる。

(60)アニリン $C_6H_5NH_2$ は、新たに蒸留したものは無色透明油状液体、光、空気に触れて赤褐色を呈する。特有な臭気。水に溶けにくい。アルコール、ベンゼン、エーテルに可溶。用途はタール中間物の製造原料、医薬品、染料の原料、試薬、写真等。

問 13　(61) 1　　　(62) 1　　　(63) 2　　　(64) 4　　　(65) 3

〔解説〕

(61)この設問のAからDの物質とは、A はエピクロルヒドリン、Bは沃素、Cは水素化砒素、Dは塩基性炭酸銅。

(62)A のエピクロルヒドリンの化学式は、C_3H_5ClO。

(63)Bの沃素 I_2 は、劇物。黒灰色、金属様光沢のある稜板状結晶。水には難溶で、アルコールにはよく溶け、赤褐色の溶液となる。熱すると紫色の蒸気を発生するが、常温でも、多少不快な臭気をもつ蒸気を放って揮散する。

(64)塩基性炭酸銅(別名マラカイト)$CuCO_3 \cdot Cu(OH)_2$ は、劇物。緑青色の粉末または暗緑色結晶。水、アルコールに殆ど溶けないが、希酸やアンモニア水には溶ける。廃棄法は、多量の場合には還元焙焼法により金属銅として回収する焙焼法、又はセメントを用いて固化し、埋立処分する固化分離法。用途はペイントやニスの顔料、銅塩の製造原料。

(65)この設問は毒物及び劇物取締法第2条のことで、Cは水素化砒素は毒物。A はエピクロルヒドリン、Bは沃素、Dは塩基性炭酸銅は劇物。

問 14　(66) 4　　　(67) 1　　　(68) 1　　　(69) 3　　　(70) 3

〔解説〕

(66)トルエンは無色の液体で、ベンゼン臭がある。水に溶けず、アルコール、エーテル、ベンゼンに溶解する。可燃性があり劇物に指定されている。

(67)トルエンの中毒症状:蒸気吸入により頭痛、食欲不振、大量で大赤血球性

貧血。はじめ興奮期があり、その後深い麻酔状態に陥る。
(68)トルエンにはガラスを腐食する性質はない。
(69)aの記述はホルムアルデヒドの性質である。
(70)トルエンは可燃性であるので燃焼法により除去する。

問15　(71) 3　　　(72) 2　　　(73) 4　　　(74) 4　　　(75) 4
〔解説〕
(71)Aは塩素酸ナトリウム $NaClO_3$ は、劇物。Bはギ酸($HCOOH$)は劇物。Cはクロルピクリン CCl_3NO_2 は、劇物。DはEPN、有機リン製剤、毒物(1.5％以下は除外で劇物)。
(72)ほかに酸化剤、抜染剤としての用途がある。
(73)ギ酸90％以下の含有で劇物から除外される。
(74)4はクロルピクリン CCl_3NO_2 は、劇物。1はクロロ酢酸クロライド、2はピクリン酸アンモニウム、3はギ酸である。
(75)有機燐系であるので硫酸アトロピンまたはPAMを用いる。

（農業用品目）
問10　(46) 4　　　(47) 3　　　(48) 5　　　(49) 1　　　(50) 2
〔解説〕
解答の通り。
問11　(51) 1　　　(52) 1　　　(53) 2　　　(54) 4　　　(55) 3
〔解説〕
(51)Aはオキサミルは、毒物。Bはクロルピクリン CCl_3NO_2 は、劇物。Cはテフルトリンは毒物(0.5％以下を含有する製剤は劇物。Dはクロルメコートは、劇物。
(52)オキサミルはカーバメート系であるので硫酸アトロピンが有効である。
(53)クロルピクリンは分解法により廃棄する。
(54)テフルトリンはピレスロイド系の殺虫剤で、構造式中にピレスロイド系の特徴であるシクロプロパン環を有する。
(55)Dはクロルメコートは、劇物。、白色結晶で魚臭、非常に吸湿性の結晶。
問12　(56) 4　　　(57) 3　　　(58) 3　　　(59) 2　　　(60) 3
〔解説〕
(56)ジクワットは、劇物で、ジピリジル誘導体で淡黄色結晶、水に溶ける。用途は、除草剤。
(57)ビピリジリウム系の農薬である。
(58)淡黄色結晶で水に溶解する。
(59)燃焼法により廃棄する。
(60)ジクワットは、劇物。

（特定品目）
問10　(46) 1　　　(47) 4　　　(48) 2　　　(49) 4　　　(50) 1
〔解説〕
(46)Aは硅弗化ナトリウムは劇物。Bはメタノール(メチルアルコール)CH_3OH は、劇物。Cは重クロム酸カリウム $K_2Cr_2O_7$ は、劇物。Dはキシレン $C_6H_4(CH_3)_2$ は劇物。
(47)構造中にケイ素Siとフッ素Fが入っている。
(48)メタノールの別名は木精、カルビノールである。
(49)重クロム酸カリウムは酸化剤として用いられる。
(50)Dのキシレンについては解答のとおり。
問11　(51) 2　　　(52) 4　　　(53) 1　　　(54) 2　　　(55) 3
〔解説〕
(51)解答のとおりり。
(52)過酸化水素は無色の液体で酸化作用があるが、還元剤として働く場合もある。
(53)過酸化水素 H_2O_2 の水溶液は、蒸気いずれも刺激性が強い。35％以上の溶液は皮膚に水泡を作りやすい。眼には腐食作用を及ぼす。蒸気は低濃度でも刺激性が強い。
(54)希釈法により廃棄する。
(55)過酸化水素は6％以下の含有で劇物から除外される。

問 12　　(56) 4　　　(57) 1　　　(58) 1　　　(59) 3　　　(60) 3

〔解説〕

(56) ベンゼン臭のある無色の液体で、アルコール、エーテル、ベンゼンに溶解する。

(57) トルエン $C_6H_5CH_3$ は、劇物。特有な臭い(ベンゼン様)の無色液体。水に不溶。比重1以下。可燃性。引火性。劇物。用途は爆薬原料、香料、サッカリンなどの原料、揮発性有機溶媒。中毒症状は、蒸気吸入により頭痛、食欲不振、大量で大赤血球性貧血。

(58) トルエンはガラスを侵す性質を持っていない。

(59) トルエン $C_6H_5CH_3$(別名トルオール、メチルベンゼン)は劇物。特有な臭いの無色液体。水に不溶。比重1以下。可燃性。蒸気は空気より重い。揮発性有機溶媒。麻酔作用が強い。

(60) トルエンは可燃性の溶液であるから、これを珪藻土などに付着して、焼却する燃焼法。

東京都
令和元年度実施

〔実　地〕

(一般)

問11 (51) 1　　(52) 4　　(53) 3　　(54) 1　　(55) 3

〔解説〕

(51)ジメチルアミン(CH₃)₂NH はアンモニア臭のある無色の気体である。
(52)ピロリン酸第二銅 Cu₂P₂O₇ は青色の粉末で、電気銅メッキに用いられる。
(53)一酸化鉛 PbO は黄色から赤色の重い固体で、密陀僧、リサージといった別名がある。　　(54)セレン化水素 H₂Se は無色のニンニク臭のある気体である。
(55)モノクロル酢酸 CH₂ClCOOH は無色の潮解性のある結晶である。

問12 (56) 3　　(57) 1　　(58) 4　　(59) 1　　(60) 2

〔解説〕

(56)メチルメルカプタン CH₃SH は腐ったキャベツ様の臭気を発する気体である。　　(57)アクリルアミド CH₂=CH-CONH₂ は無色の結晶で、水、アルコール、エーテルに可溶である。紫外線で容易に重合する。　　(58)無水クロム酸 CrO₃ は赤色の針状結晶で水によく溶ける。潮解性があり、強い酸化作用を持つ。　　(59)五酸化バナジウム V₂O₅ は黄赤～赤褐色の粉末で、水に溶けにくい。触媒や顔料に用いられる。　　(60)カルボスルファランはカーバメイト系殺虫剤で、褐色粘稠液体である。

問13 (61) 2　　(62) 2　　(63) 4　　(64) 3　　(65) 1

〔解説〕

(61)解答のとおり。　　(62)1 はブロムメチル、3 は酸塩化ホウ素、4 はブロムエチル(ブロモエタン)　　(63)多量の水で希釈して廃棄する。　　(64)ブロムエチルはアルキル化(エチル化)に用いる。　　(65)毒物は、法第 2 条第 1 項→法別表第一に掲げられている。劇物は、法第 2 条第 2 項→法別表第二に掲げられている。

問14 (66) 2　　(67) 1　　(68) 1　　(69) 4　　(70) 3

〔解説〕

(66)クロロホルム CHCl₃ は無色揮発性の液体で水にわずかに溶け、水よりも重い。劇物。　　(67)すべて正しい。　　(68)クロロホルムにはガラスを侵す性質はない。　　(69)空気中で日光により分解し、塩素、塩化水素、ホスゲン、四塩化炭素を生じる。　　(70)解答のとおり。

問15 (71) 2　　(72) 4　　(73) 1　　(74) 1　　(75) 4

〔解説〕

(71)解答のとおり。　　(72)燐化亜鉛 Zn₃P₂ は暗赤色の光沢のある粉末で殺鼠剤に用いる。劇物。　　(73)硝酸銀 AgNO₃ を水に溶かし食塩を加えることで白色の AgCl が沈殿する。　　(74)2 はメトミル、3 は燐化亜鉛、4 はクロルピクリンである。　　(75)毒物は、法第 2 条第 1 項→法別表第一に掲げられている。劇物は、法第 2 条第 2 項→法別表第二に掲げられている。

(農業用品目)

問10 (46) 2　　(47) 4　　(48) 1　　(49) 3　　(50) 5

〔解説〕

解答のとおり。

問11 (51) 1　　(52) 1　　(53) 1　　(54) 2　　(55) 4

〔解説〕

(51)DMTP は有機燐系殺虫剤であるので、硫酸アトロピンまたは 2-PAM で解毒する。　　(52)燐化亜鉛は燃焼法または酸化法により除却する。　　(53)解答のとおり。　　(54)法第 2 条第 2 項→法別表第二→指定令第 2 条に掲げられている。　　(55)1 は DMTP、2 は燐化亜鉛、3 はトリシクラゾール

問12 (56) 3　　(57) 1　　(58) 3　　(59) 3　　(60) 4

〔解説〕

(56)カルバリルはカーバメイト系農業用殺虫剤である。　　(57)無色無臭の結晶で、水に溶けず、有機溶剤に溶ける。アルカリに不安定である。　　(58)ナフタレン骨格をもつ。　　(59)燃焼法またはアルカリ法により廃棄する。
(60)法第 2 条第 2 項→法別表第二→指定令第 2 条に規定されている。

（特定品目）

問 10　(46) 3　　　(47) 1　　　(48) 1　　　(49) 3　　　(50) 1

〔解説〕
(46)解答のとおり。　　(47)蓚酸は無色の柱状結晶で、水和物は風解性をもつ。還元性があり過マンガン酸カリウム溶液を退色する。　　(48)塩化水素 HCl は無色の刺激臭のある気体で、その水溶液は塩酸である。空気よりも重く、10%以下の含有で劇物から除外される。　　(49) 1 は蓚酸水和物、2 は二酸化鉛、4 はホルムアルデヒド　　(50)四塩化炭素に劇物指定の除外規定はない。

問 11　(51) 2　　　(52) 3　　　(53) 1　　　(54) 2　　　(55) 4

〔解説〕
(51)水酸化カリウム KOH は白色の固体で潮解性がある。水溶液は強いアルカリ性を示す。　　(52)水酸化カリウムは 1 価の塩基である。　　(53)すべて正しい。　　(54)水酸化カリウムは 5％以下の含有で劇物から除外される。　　(55)水酸化カリウムは塩基性であるので酸で中和し廃棄する。

問 12　(56) 2　　　(57) 1　　　(58) 1　　　(59) 4　　　(60) 3

〔解説〕
(56)クロロホルム $CHCl_3$ は無色揮発性の液体で水にわずかに溶け、水よりも重い。劇物。　　(57)すべて正しい。　　(58)クロロホルムにはガラスを侵す性質はない。　　(59)空気中で日光により分解し、塩素、塩化水素、ホスゲン、四塩化炭素を生じる。　　(60) 解答のとおり。

東京都
令和２年度実施

〔実　地〕

（一般）

問11　(51) 1　　　(52) 4　　　(53) 4　　　(54) 2　　　(55) 2
〔解説〕
(51)　ヘキサメチレンジイソシアナートは無色の液体で刺激臭がある。水には溶解しないが、水と反応して炭酸ガスを発生する。樹脂原料や塗料に用いられる。
(52)　チメロサールは白色または淡黄色粉末の水銀製剤であり毒性が強い。ワクチンなどの防腐剤として用いられている。
(53)　リン化亜鉛 $Zn3P2$ は暗赤色の光沢のある粉末の劇物である。1%以下の含有で黒色に着色され、トウガラシエキスで着味されたものは劇物から除外される。殺鼠剤として用いられる。
(54)　無水クロム酸 CrO_3 は赤色針状結晶で水に極めて溶けやすく、潮解性を有する。酸化力が非常に強い。
(55)　臭化銀 $AgBr$ は淡黄色固体であり、光により分解する性質があることから感光剤に用いられる。

問12　(56) 4　　　(57) 2　　　(58) 3　　　(59) 1　　　(60) 4
〔解説〕
(56)　三塩化アンチモン $SbCl_3$ は無色から淡黄色の柔らかい固体で悪臭をもち、水と反応して塩化水素を発生する。
(57)　三塩化ホウ素 BCl_3 は常温では無色の気体、沸点が 12.5 ℃であるので冬場は液化する場合がある。乾草のような刺すようなにおいがある。
(58)　アクロレイン $CH_2=CHCHO$ 無色から淡黄色の液体で刺激臭がある。様々な薬品や殺菌剤の合成原料として用いられる。
(59)　硫化カドミウム CdS は別名をカドミウムイエローと言い、黄色から赤黄色固体である。顔料などに用いられる。
(60)　ヒドラジン NH_2NH_2 は毒物であり無色のアンモニア臭を有する液体である。還元性をもち、ロケットの燃料などに用いられる。

問13　(61) 3　　　(62) 1　　　(63) 1　　　(64) 1　　　(65) 1
〔解説〕
(61)　解答のとおり
(62)　メルカプトは SH のことである。またメルカプト基を有する化合物の多くは特有の臭気を持つ。
(63)　B は炭酸銅である。劇物であり緑色固体である。炭酸銅の廃棄は固化隔離法あるいは焙焼法により廃棄する。
(64)　六弗化セレン $SeF6$ は毒物に指定されている気体で、悪臭を持つ。
(65)　フェノールは無色または白色の固体であり、空気中で赤変する。特有の臭気をもち、水に溶解しやすい。医薬品原料や防腐剤に使用されている。

問14　(66) 2　　　(67) 1　　　(68) 1　　　(69) 4　　　(70) 2
〔解説〕
(66)　酢酸エチルは劇物指定である。
(67)　解答のとおり
(68)　酢酸エチルは引火性の強い揮発性の液体で果実臭がある。酸化剤とは反応しにくいが、強力な酸化剤とは反応し発熱引火の恐れがある。ガラスを侵す性質はない反面、樹脂などを溶解する性質を持つので、プラスチック製容器には保存できない。
(69)　過酸化水素 H_2O_2 は強い酸化作用と、還元作用の両方を有する劇物である。金属や不純物と反応し分解する。
(70)　過酸化水素は多量の水で希釈して廃棄する（6%以下の含有で劇物から除外される）

問15　(71) 2　　　(72) 1　　　(73) 1　　　(74) 3　　　(75) 4
〔解説〕
(71)　解答のとおり
(72)　ジチアノンは殺菌剤として用いられる暗赤色粉末である。化合物の名称

からチオ(S)を 2 つ(ジチア)、カルボニル(C=O)を示すオンを有すると推測される。
- (73) 硫酸タリウム Tl_2SO_4 は無色の結晶で水には溶けにくいが熱水には溶けやすい性質がある劇物である。殺鼠剤に用いられ、0.3%以下の含有で黒色に着色され、さらにトウガラシエキスで着味されているものは劇物から除外される。
- (74) フェンチオンは(72)の 2 の構造を有する有機リン系の殺虫剤である。2%以下の含有で劇物から除外される。
- (75) 五弗化砒素は無色の気体であり、毒物である。五塩化砒素、五弗化砒素は沈殿隔離法により廃棄する。

(農業用品目)
問 10　(46) 5　　　(47) 1　　　(48) 3　　　(49) 4　　　(50) 2
〔解説〕
- (46) アバメクチンはマクロライド系の殺虫剤である。
- (47) ピレスロイド系殺虫剤はシクロプロパン構造を有する。
- (48) カーバメート系には名称中にカルバメートまたはカルバモイルと記載されているものがほとんどである。
- (49) リン化亜鉛は殺鼠剤として用いられている。
- (50) 有機リン系は名称中にリン P を表すホスホと記載されているものがほとんどである。
問 11　(51) 4　　　(52) 2　　　(53) 1　　　(54) 1　　　(55) 1
〔解説〕
- (51) 解答のとおり
- (52) オキサミルは白色で特異臭のある固体である。カーバメート系殺虫剤であるため、解毒には硫酸アトロピンを用いる。BAL は重金属の解毒に用いる。
- (53) 塩素酸ナトリウムは酸化性のある固体であるので、チオ硫酸ナトリウムのような還元剤で処理した後、希釈して廃棄する。
- (54) 解答のとおり
- (55) カルボスルファンは劇物指定されている褐色粘調性の液体である。
問 12　(56) 2　　　(57) 4　　　(58) 1　　　(59) 4　　　(60) 1
〔解説〕
- (56) ジブロミドとは臭素 Br が 2 つある構造を指す。
- (57) ビピリジニウム系除草剤である。
- (58) 淡黄色結晶で水に溶解する。腐食性を持つ。
- (59) 有機化合物なので燃えやすく、燃焼法により廃棄する。
- (60) ジクワットは劇物に指定されている。

(特定品目)
問 10　(46) 1　　　(47) 3　　　(48) 3　　　(49) 1　　　(50) 2
〔解説〕
- (46) 解答のとおり
- (47) 1 は硝酸、2 はアンモニア、4 はホルムアルデヒド
- (48) 木精はメタノールの別称である。アンモニアは 10%以下の含有で劇物から除かれる。
- (49) ケイ弗化ナトリウムは白色の結晶で水やアルコールに溶解しにくい。釉薬として用いられている。
- (50) 一酸化鉛は別名リサージと呼ばれており、黄色から赤色までの重い粉末。水には溶解しないが酸やアルカリに溶解する。顔料やゴム加硫促進剤に用いられる。
問 11　(51) 4　　　(52) 3　　　(53) 4　　　(54) 1　　　(55) 3
〔解説〕
- (51) 塩化水素 HCl は気体である。塩酸は塩化水素を水に溶解した液体である。
- (52) 塩化水素は水以外にもメタノールやエタノール、酢酸エチルなどの有機溶媒にも溶解する。塩化水素の分子量は 36.5 であり、空気の平均分子量である 29 よりも重いため、空気よりも重いガスである。
- (53) 塩酸は湿った空気中で発煙し、青色リトマス紙を赤くする酸性物質である。水素イオンよりもイオン化傾向の小さい金属とは反応しないが、塩酸に

硝酸を混合した王水では金や白金なども溶解する。
- (54)　塩酸は酸性物質なので塩基性である石灰などで中和を行い、多量の水で希釈して廃棄する。
- (55)　塩化水素は10%以下の含量で劇物から除外される。

問12　(56) 2　　(57) 1　　(58) 1　　(59) 4　　(60) 2
〔解説〕
- (56)　酢酸エチルは劇物指定である。
- (57)　解答のとおり
- (58)　酢酸エチルは引火性の強い揮発性の液体で果実臭がある。酸化剤とは反応しにくいが、強力な酸化剤とは反応し発熱引火の恐れがある。ガラスを侵す性質はない反面、樹脂などを溶解する性質を持つので、プラスチック製容器には保存できない。
- (59)　過酸化水素 H_2O_2 は強い酸化作用と、還元作用の両方を有する劇物である。金属や不純物と反応し分解する。
- (60)　過酸化水素は多量の水で希釈して廃棄する(6%以下の含有で劇物から除外される)

東京都
令和３年度実施

〔実　地〕

(一般)
問11　(51) 3　　　　(52) 1　　　　(53) 1　　　　(54) 2　　　　(55) 2
〔解説〕
(51)　クロロ酢酸エチル $ClCH_2COOC_2H_5$ はエステル結合を有する無色の液体である。

(52)　塩化ホスホリル $POCl_3$ は無色の刺激臭がある液体で毒物に指定されている。水により加水分解し塩化水素とリン酸に分解する。

(53)　セレン化水素 H_2Se はニンニク臭のある無色の気体である。半導体製造時のドーピングガスに用いる。

(54)　ジクワットはパラコートと同じジピリジニウム構造を持つ除草剤である。淡黄色で水に溶解する。

(55)　五硫化燐 P_4O_{10} は黄色の固体である。マッチの原料に用いる。

問12　(56) 1　　　　(57) 4　　　　(58) 2　　　　(59) 4　　　　(60) 1
〔解説〕
(56)　シアナミド H_2NCN は吸湿性、潮解性を有する無色の固体。

(57)　過酸化尿素は白色の結晶性粉末で水に溶解する。17 ％以下の含有で劇物から除外される。廃棄方法としては希釈法を用いる。

(58)　淡黄色の固体で水に不溶。フィルムの感光材に用いる。

(59)　ピクリン酸はトリニトロフェノールであり爆発性がある。決勝は淡黄色で光沢があり、水に溶けにくく熱水に溶ける。廃棄方法としては燃焼法を用いる。

(60)　硫酸ニコチンは無色針状の結晶で、水やエーテルに溶解する。接触性殺虫剤として用いられている毒物である。

問13　(61) 3　　　　(62) 2　　　　(63) 3　　　　(64) 4　　　　(65) 2
〔解説〕
(61)　ナトリウムは銀白色の金属、フッ化水素酸はフッ化水素を水に溶解したものである。

(62)　亜硝酸イソプロピルとはイソプロピル基 $(CH_3)_2CH-$ を有する亜硝酸エステル-O-N=O である。

(63)　金属ナトリウムは水と容易に反応するため、灯油中で保存する。

(64)　フッ化水素酸は多量の石灰水に吹き込んで吸収させ、中和し、沈殿を埋立処分する。

(65)　亜硝酸イソプロピル、フッ化水素酸は毒物であり、ナトリウムとパラフェニレンジアミンは劇物である。

問14　(66) 1　　　　(67) 1　　　　(68) 2　　　　(69) 3　　　　(70) 3
〔解説〕
(66)　水酸化ナトリウムは５％以下で劇物から除外される。

(67)　すべて正しい。

(68)　金や白金以外の金属と反応するが、水素を出すのはイオン化傾向が水素よりも大きい金属の時である。

(69)　硝酸にガラスを侵す性質はない。

(70)　硝酸は強酸であるため中和して廃棄する。

問15　(71) 1　　　　(72) 2　　　　(73) 4　　　　(74) 4　　　　(75) 4
〔解説〕
(71)　特徴的臭気のある無色液体は 2-メルカプトエタノールである。また酸カドミウムは赤褐色の粉末である。

(72)　フルスルファミドは 2',4-ジクロロということから２つ塩素を持ち、a, a, a-トリフルオロということから３つフッ素を有する物質である。1 は 2-メルカプトエタノール、3 はイソキサチオンである。

(73)　水に不溶な酸化カドミウムは固化隔離法(セメントで固化したのち、埋立る)により廃棄するか、または媒焼法によりカドミウムを回収する。

(74)　イソキサチオンは有機リン系農薬であるため、硫酸アトロピンまたはPAM により解毒する。

(75)　2-メルカプトエタノールの用途として、農薬原料・医薬品、重合調整剤、

化学繊維・樹脂添加剤があげられる。

（農業用品目）
問 10　　(46) 4　　　　(47) 5　　　　(48) 3　　　　(49) 1　　　　(50) 2
〔解説〕
(46)　塩素酸ナトリウムは非選択性の接触型除草剤である。
(47)　ピレスロイド系殺虫剤の特徴として、化合物名称にシクロプロパン(シクロプロピル)を有している。または一般名の語尾が〜トリンとなっている。
(48)　ダイアジノンはインダンジオン系殺鼠剤として用いられる。
(49)　ネオニコチノイドにはその化学構造中にクロロピリジンを有するのが特徴である。
(50)　クロルピクリンは土壌燻蒸剤として用いられる。

問 11　　(51) 2　　　　(52) 2　　　　(53) 2　　　　(54) 1　　　　(55) 4
〔解説〕
(51)　有機リン系殺虫剤の特徴として化合物名称中にホスフェイトと記載されている。農業用殺虫剤としてトリシクラゾールが、除草剤としてジピリジニウムであるジクワットが用いられる。カルタップはネライストキシン系に属する殺虫剤である。
(52)　有機リン系の解毒には硫酸アトロピンまたは PAM を用いる。
(53)　トリシクラゾールは劇物であり 8 ％以下の含有で劇物から除外される。
(54)　ジクワットは燃焼法により廃棄する。
(55)　カルタップのようなネライストキシン系の殺虫剤は対称性の高いジチオプロパン骨格を有しているものが多い。

問 12　　(56) 4　　　　(57) 2　　　　(58) 3　　　　(59) 2　　　　(60) 4
〔解説〕
(56)　フェノブカルブは無色透明の液体、またはプリズム状結晶で劇物に指定されている。2 ％以下(マイクロカプセルでは 15 ％以下)の含有で劇物から除外される。
(57)　化合物名のフェニルはベンゼン環を指し、カルバメートは OCONH を表す。
(58)　カーバメート系の殺虫剤である。
(59)　カーバメート系には硫酸アトロピンや BAL あるいはグルタチオンを用いる。
(60)　フェノブカルブは燃焼法によって廃棄するか、水酸化ナトリウム水溶液を用いたアルカリ法により廃棄する。

（特定品目）
問 10　　(46) 3　　　　(47) 2　　　　(48) 3　　　　(49) 1　　　　(50) 2
〔解説〕
(46)　廃棄方法が還元であるならば対象物質は酸化性物質となり、石灰などのアルカリで中和するならば酸性物質である。
(47)　1 は酸化鉛、3 はシュウ酸、4 は硅フッ化ナトリウム
(48)　蓚酸は還元性のある物質のため、過マンガン酸カリウムの色を退色する。シュウ酸カルシウムは水に溶けにくい塩である。
(49)　硫酸は水よりも比重の重い不燃性の液体であり、劇物に指定されている。10 ％以下の含有で劇物から除外される。
(50)　トルエンは可燃性の液体で構造中にベンゼン環を持つ。劇物に指定されている。

問 11　　(51) 4　　　　(52) 4　　　　(53) 4　　　　(54) 4　　　　(55) 2
〔解説〕
(51)　記述のとおり。
(52)　ホルムアルデヒドは還元性があり、冷所では重合して混濁するため、通常はアルコールを入れて保管する。
(53)　ホルムアルデヒドは防腐剤のほかにも、色素合成原料、人造樹脂、フィルムの硬化に用いられる。
(54)　ホルムアルデヒドは酸化法または燃焼法により廃棄する。
(55)　ホルムアルデヒドは 1%以下の含有で劇物から除外される。

問 12　(56) 1　　　(57) 1　　　(58) 2　　　(59) 3　　　(60) 3

〔解説〕

(56)　水酸化ナトリウムは白色の固体で潮解性がある強アルカリ性物質である。5％以下の含有で劇物から除外される。

(57)　全て正しい。

(58)　硝酸は無色の酸性液体。金や白金とは反応しない。

(59)　硝酸にはガラスを侵す性質はない。

(60)　硝酸は酸であるため、アルカリであるソーダ灰あるいは消石灰に加えて中和したのち、水で希釈して廃棄する。

東京都
令和4年度実施

〔実　地〕

(一般)
問11　(51) 3　　　(52) 3　　　(53) 1　　　(54) 4　　　(55) 2
〔解説〕
(51)KCN：無色の結晶で水に溶けやすい毒物である。酸と接触することで有毒なシアン化水素を発生する。冶金や鍍金などに用いられる。
(52)ピクリン酸アンモニウムは黄色の固体で水に溶解する。劇物に指定されており、燃焼法により除却する。
(53)SbCl$_5$：アンチモンの元素記号は Sb である。劇物に指定されている淡黄色の液体。
(54)C$_2$H$_5$Br：無色透明のエーテル様の臭気を持つ液体。劇物に指定されており、アルキル化剤に用いられる。
(55)TiCl$_3$：暗紫色の結晶性固体で潮解性がある。

問12　(56) 1　　　(57) 4　　　(58) 4　　　(59) 1　　　(60) 3
〔解説〕
(56)H$_2$C=CHCN：わずかに刺激臭がある蒸発しやすい無色の液体。水や有機溶媒に溶けやすい。合成樹脂や合成繊維の原料である。
(57)Si(OCH$_3$)$_4$：無色の液体で毒物に指定されている。水と加水分解し。メタノールと二酸化ケイ素に分解する。
(58)ダイアジノンは無色の特異臭のする液体で劇物に指定されている接触性殺虫剤である。5%以下の含有で劇物から除外される。可燃性有機物なので燃焼法により廃棄する。
(59)AsH$_3$：ヒ化水素やアルシンともいう毒物である。無色のニンニク臭のある気体で水に溶解する。隔離法により廃棄する。
(60)NaN$_3$：無色無臭の結晶である。水には溶けるが有機溶剤には溶けにくい。毒物に指定されており、防腐剤やエアバックのガス発生剤として用いられる。

問13　(61) 4　　　(62) 4　　　(63) 1　　　(64) 3　　　(65) 4
〔解説〕
(61)白色固体はベタナフトール、暗赤色結晶性粉末は燐化亜鉛、無色～淡黄色液体はクロルスルホン酸、ビタミン臭の気体はジボランである。
(62)ベタナフトールはナフタレン環(ベンゼン環が二つ結合した化合物)のβ位にヒドロキシ基-OH が結合したものである。1 はピクリン酸、2 はクロルスルホン酸、3 は N-メチルアニリンである。
(63)燐化亜鉛は殺鼠剤として用いる。クロルスルホン酸はスルホン化剤、ジボランは特殊材料ガス、ベタナフトールは防腐剤に用いる。
(64)分解法により処理する。加水することで硫酸と塩酸に分解し、これを希釈してアルカリ水溶液で中和する。
(65)ジボランは毒物に指定されている。

問14　(66) 1　　　(67) 1　　　(68) 3　　　(69) 3　　　(70) 4
〔解説〕
(66)トルエンは劇物に指定されているベンゼン臭のある可燃性の液体である。
(67)すべて正しい。
(68)トルエンにはガラスを腐食する性質はなく、水と反応しない(混和もしない)。酸化剤と反応する場合があるので、酸化剤との接触は避ける。
(69)トルエンの融点は約-95 ℃である。揮発した蒸気は空気よりも重く、トルエン自体は水には溶けないが有機溶媒には溶けやすい性質がある。
(70)トルエンは可燃性の液体であるため、燃焼法により廃棄する。

問15　(71) 2　　　(72) 4　　　(73) 4　　　(74) 1　　　(75) 2
〔解説〕
(71)青草臭窒息性気体はホスゲン、ニンニク臭の褐色液体はフェンチオン、白色のろう状固体は黄燐、空気中で尿素と水および酸素に分解するのは過酸化

尿素である。
- (72) 1はフェンチオン、2はトリクロロ酢酸、3はメチルアミン。
- (73) フェンチオンは有機リン系殺虫剤であるため、硫酸アトロピンまたは PAM により解毒する。
- (74) 黄燐は自然発火する物質で、燃焼法により廃棄する。
- (75) 解答の通り

（農業用品目）
問 10　(46) 1　　　(47) 4　　　(48) 3　　　(49) 5　　　(50) 2
〔解説〕
- (46) アバメクチンはマクロライド系の殺虫剤である。
- (47) 塩素酸ナトリウムは選択肢の中で唯一除草剤に用いられる。
- (48) ネオニコチノイド系殺虫剤には、その化学構造中にピリジン環（ピリジル）が含まれる。
- (49) 殺菌剤はトリシクラゾールのみである。
- (50) カーバメート系殺虫剤は、その化学構造中にカルバモイルを含んでいる。

問 11　(51) 3　　　(52) 4　　　(53) 3　　　(54) 4　　　(55) 2
〔解説〕
- (51) 殺鼠剤は燐化亜鉛、植物性調剤からクロルメコートが分かる。カーバメート系の 2 つの農薬はどちらも殺虫剤として用いられる。
- (52) カーバメート系殺虫剤の中毒には硫酸アトロピンを用いる。PAM は有機リン系中毒に、BAL はヒ素中毒などに用いる。
- (53) カルボスルファンは劇物に指定されている。一方 BPMC は劇物に指定されているが、2%以下で劇物から除外される。
- (54) 燐化亜鉛はおが屑などの可燃物とまぜ、燃焼法により廃棄する。
- (55) 1 は BPMC、3 はカルボスルファン、4 は燐化亜鉛である。

問 12　(56) 4　　　(57) 1　　　(58) 3　　　(59) 2　　　(60) 1
〔解説〕
- (56) カルタップは劇物であるが 2%以下は除外される。
- (57) 2 はジクワット、3 はパラコート、4 はトリシクラゾール
- (58) カルタップはカーバメート系殺虫剤。
- (59) 白色結晶で、水やメタノールには溶解するがベンゼンやエーテルには溶解しない。
- (60) カルタップは可燃性の有機物質であるため、焼却して廃棄する。

（特定品目）
問 10　(46) 1　　　(47) 2　　　(48) 1　　　(49) 4　　　(50) 4
〔解説〕
- (46) 黄色から赤黄色の固体はクロム酸鉛、水に溶けやすい刺激臭の気体は塩化水素、水に溶けない無色可燃性液体はキシレン、水に溶けにくい白色固体で分解沈殿法で処理するものは硅フッ化ナトリウムである。
- (47) 1 は塩化水素、3 はクロム酸カリウム、4 は酢酸鉛。
- (48) 塩化水素には引火性の無い気体で劇物である。
- (49) 異性体にはオルト体、メタ体、パラ体の 3 種類がある。
- (50) 酸と接触するとフッ化水素ガス及び四フッ化ケイ素ガスを発生する。

問 11　(51) 4　　　(52) 3　　　(53) 1　　　(54) 4　　　(55) 2
〔解説〕
- (51) 解答の通り
- (52) アンモニアは水やアルコール、エーテルに可溶な気体である。
- (53) すべて正しい。
- (54) アンモニアはアルカリ性であるため、水で希釈したのち酸で中和して廃棄する。
- (55) アンモニアは 10%以下の含有で劇物から除外される。

問 12　(56) 1　　　(57) 1　　　(58) 3　　　(59) 3　　　(60) 4

〔解説〕
  (56)トルエンはベンゼン臭がある無色の可燃性液体である。劇物に指定されている。
  (57)すべて正しい。
  (58)トルエンにはガラスを腐食する性質はなく、水と反応しない(混和もしない)。酸化剤と反応する場合があるので、酸化剤との接触は避ける。
  (59)トルエンの融点は約-95 ℃である。揮発した蒸気は空気よりも重く、トルエン自体は水には溶けないが有機溶媒には溶けやすい性質がある。
  (60)トルエンは可燃性の液体であるため、燃焼法により廃棄する。

毒物劇物試験問題集〔東京都版〕過去問
令和5（2023）年度版
ISBN978-4-89647-297-4　C3043　￥1800E

令和5（2023）年4月6日発行　　　　　　　　　　　定価 1,980円（税込）

編　集　　毒物劇物安全性研究会

発　行　　薬務公報社

〒166-0003　東京都杉並区高円寺南2-7-1拓都ビル
電話　03（3315）3821
ＦＡＸ　03（5377）7275

薬務公報社の毒劇物図書

毒物及び劇物取締法令集

法律、政令、省令、告示、通知を収録。毎年度に年度版として刊行

監修　毒物劇物安全対策研究会　定価二、九七〇円（税込）

毒物及び劇物取締法解説

本書は、昭和五十三年に発行して令和五年で四十六年。実務書、参考書として親しまれています。

収録の内容は、1．毒物及び劇物取締法の法律解説をベースに、2．特定毒物・毒物・劇物品目解説〔主な毒物として、59品目。劇物として、156品目について一品目ごとに一ページにおさめて見やすく収録〕、3．基礎化学概説、4．例題と解説〔法律・基礎化学解説〕をわかりやすく解説して収録。

編集　毒物劇物安全性研究会　定価四、一八〇円（税込）

毒物及び劇物取締法試験問題集　全国版

本書は、昭和三十九年六月に発行して以来、毎年年度版で全国で行われた道府県別に毒物劇物取扱者試験問題、解答・解説を収録して発行。

編集　毒物劇物安全性研究会　定価三、三〇〇円（税込）

毒物劇物取締法事項別例規集　第十三版

法律を項目別に分類し、例規（疑義照会）を逐条別に収録。毒劇物の各品目について一覧表形式（化学名、市販名、構造式、性状、用途、毒性）等を収録。さらに巻末には、通知の年別索引・毒劇物の品目についても項目別索引・五十音索引を収録。

監修　毒物劇物関係法令研究会　定価七、一五〇円（税込）